普通高等教育机械类特色专业系列教材

工程制图基础教程习题集

（第二版）

主　编　鲍和云　李海燕
主　审　刘　苏

科学出版社

北　京

内 容 简 介

本习题集根据教育部2010年制定的"普通高等院校工程图学课程教学基本要求"，总结近年来多所重点院校教学改革的经验编写而成，并采用最新的制图国家标准。

本习题集与鲍和云等编写的《工程制图基础教程(第二版)》配套使用。为了便于教学，本习题集的编排顺序与教材体系一致，共分6章，分别为：制图基本知识、设计和表达、三维建模基础、二维制图基础、工程图样基础、零件图与装配图。

本习题集题型丰富、难易适中，可供高等工科院校电类、经管类等非机械类专业的学生使用，适用学时为30～60学时。

图书在版编目(CIP)数据

工程制图基础教程习题集／鲍和云，李海燕主编. —2版. —北京：科学出版社，2023.8

普通高等教育机械类特色专业系列教材

ISBN 978-7-03-076161-3

Ⅰ. ①工… Ⅱ. ①鲍… ②李… Ⅲ. ①工程制图－高等学校－习题集 Ⅳ. ①TB23-44

中国国家版本馆CIP数据核字(2023)第153409号

责任编辑：邓 静／责任校对：王 瑞
责任印制：霍 兵／封面设计：迷底书装

科学出版社 出版

北京东黄城根北街16号
邮政编码：100717
http://www.sciencep.com

天津市新科印刷有限公司 印刷

科学出版社发行 各地新华书店经销

*

2010年7月第 一 版 开本：787×1092 1/16
2023年8月第 二 版 印张：20
2023年8月第13次印刷 字数：400 000

定价：75.00元(全二册)

前言

南京航空航天大学的“工程图学”课程2005年被评为国家精品课程，2016年被评为国家级精品资源共享课程，2021年获评江苏省首批省级一流本科课程。工程图学教学团队2009年被评为机械工程设计基础国家级教学团队。

南京航空航天大学工程图学的课程建设和教学改革成果丰硕：2001年，“工程图学课程的改革与全方位教材体系的建设”获高等教育国家级教学成果二等奖；2005年，“立足基础、面向专业、深入学科进行现代图学教学体系的创新建设”再次获得高等教育国家级教学成果二等奖。

围绕国家级特色专业（机械工程及自动化）、国家级一流本科专业（机械工程）及国家精品课程（工程图学）建设，南京航空航天大学工程图学课程组编写并出版了以下系列教材：

(1)《现代工程图学教程》（机械类、近机械类专业适用）（第三版）——科学出版社；

(2)《现代工程图学习题集》（机械类、近机械类专业适用）（第三版）——科学出版社；

(3)《工业产品的数字化模型与CAD图样》（第二版）——科学出版社；

(4)《工程制图基础教程》（非机械类专业适用）——科学出版社；

(5)《工程制图习题集》（非机械类专业适用）——科学出版社。

本习题集根据教育部2010年制定的“普通高等院校工程图学课程教学基本要求”，总结近年来本校及其他多所重点院校教学研究与改革的成果和经验，在2010年由科学出版社出版的《工程制图习题集》的基础上修订编写而成。本书共6章，主要内容包括制图基本知识、设计和表达、三维建模基础、二维制图基础、工程图样基础、零件图与装配图。

本习题集在部分难点、重点题旁设置有二维码，关联该题的答案，以便学生学习使用。

参加本习题集编写的人员有鲍和云、李海燕、段丽玮、贾皓丽。南京航空航天大学刘苏教授对本习题集进行了认真细致的审阅，提出了许多宝贵的意见与建议，在此表示衷心的感谢。

习题集中若有疏漏与不当之处，敬请广大读者给予指正。

编　者

2023年4月

目　录

第一章 制图基本知识

线型练习	班级　　　学号　　　姓名

1-1 分析图形线段的性质，根据线型要求把下图按 1∶1 抄画在 A4 图纸上，并填写标题栏。

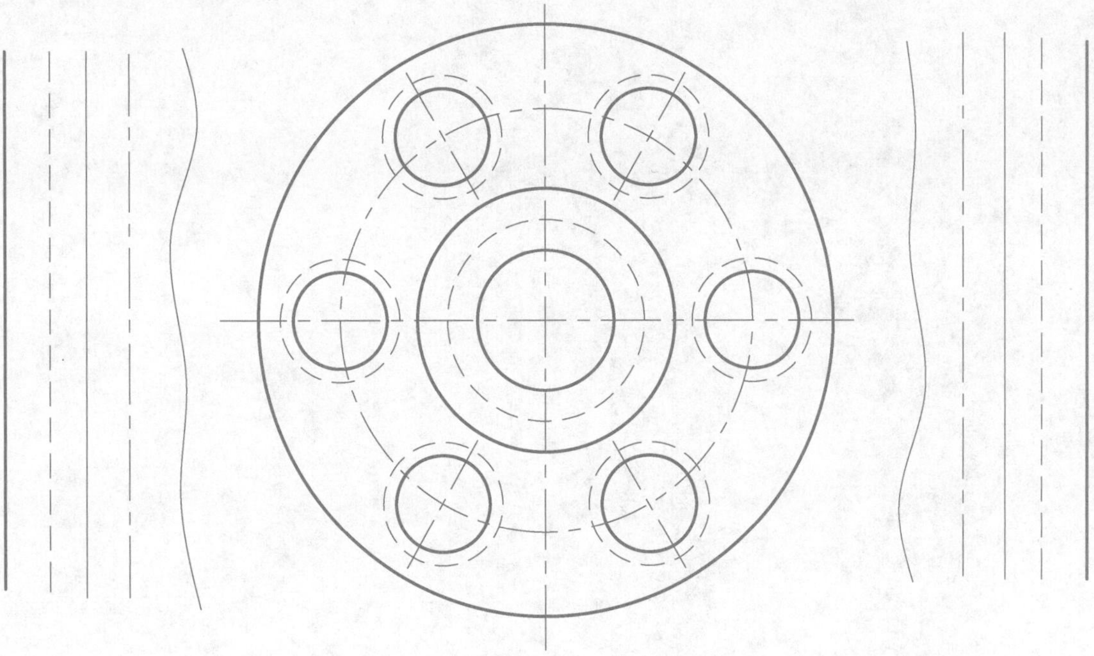

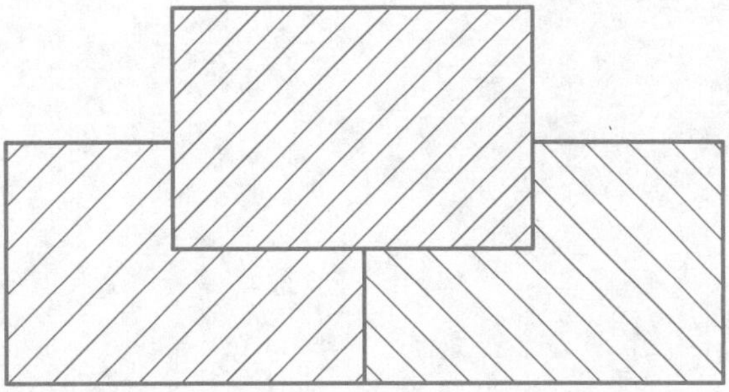

圆弧连接练习（挂轮架）	班级　　　　学号　　　　姓名

1-2　分析图形线段的性质，根据线型要求把下图按 1∶1 抄画在 A4 图纸上，并填写标题栏。

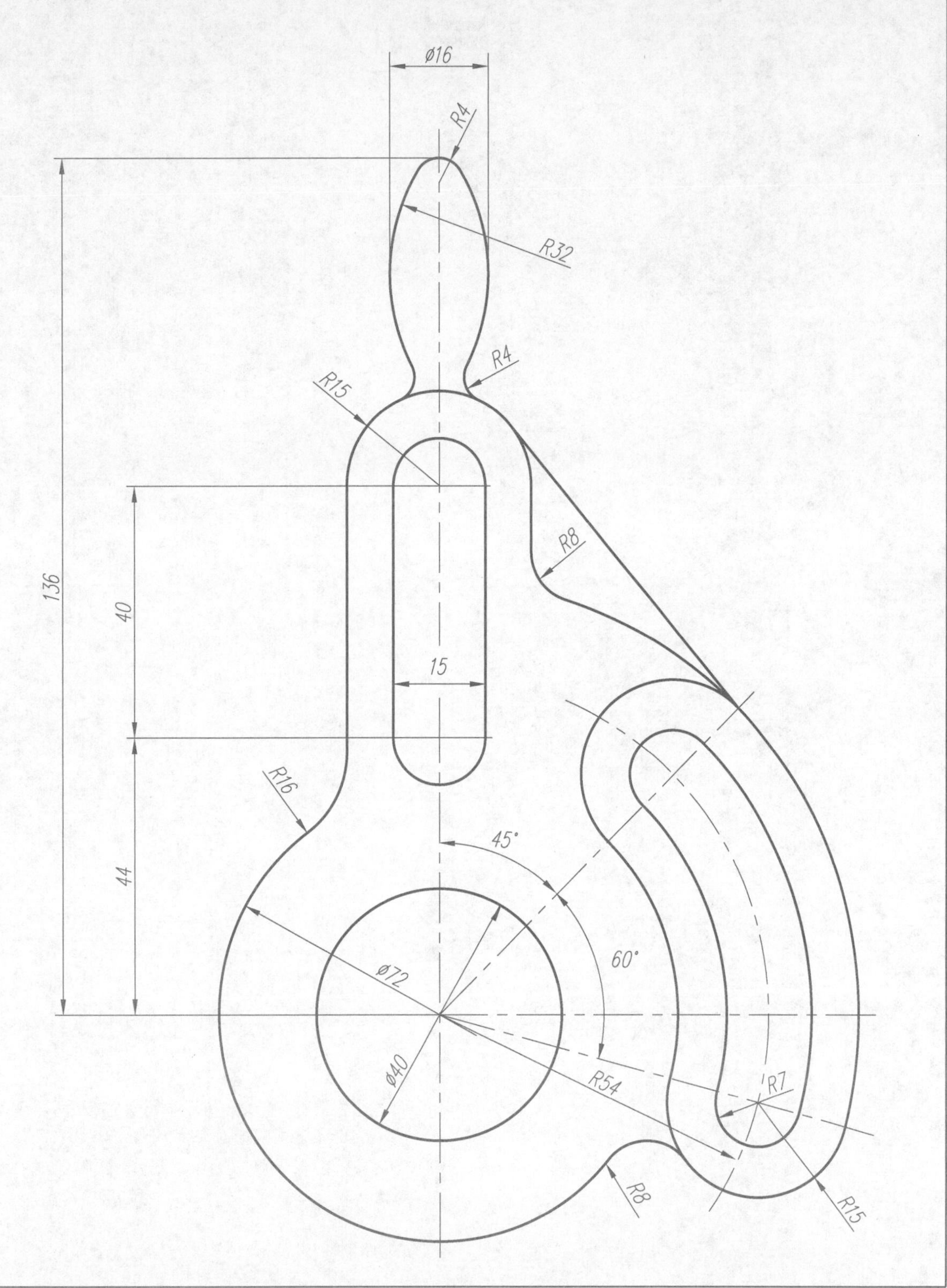

第二章　设计和表达

思考题	班级　　　　学号　　　　姓名

2-1　计算机绘图最终会取代手工绘图吗？谈谈你的理解。

第三章　三维建模基础

特征建模	班级　　学号　　姓名

3-1　填空，说明一次生成以下各简单形体所使用的基本特征。

(1) 拉伸

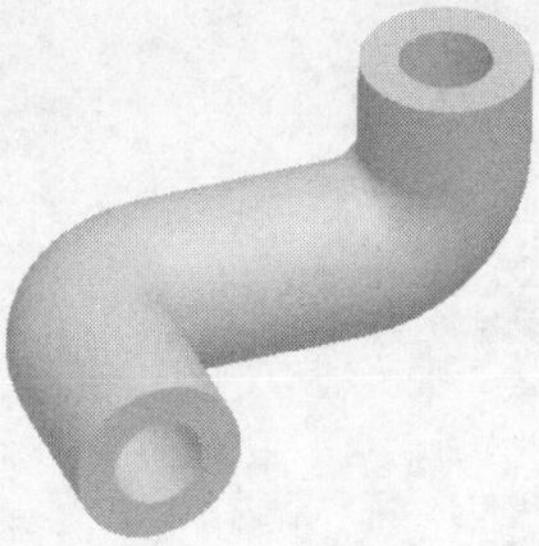

(2) ________

(3) ________

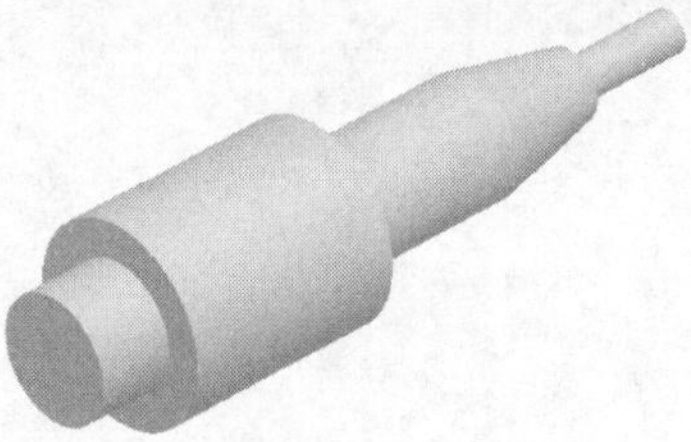

(4) ________

(5) ________

(6) ________

特征建模	班级　　　　学号　　　　姓名

3-2　填空，说明一次生成以下各简单形体所使用的基本特征。

(1) ____________

(2) ____________

(3) ____________

(4) ____________

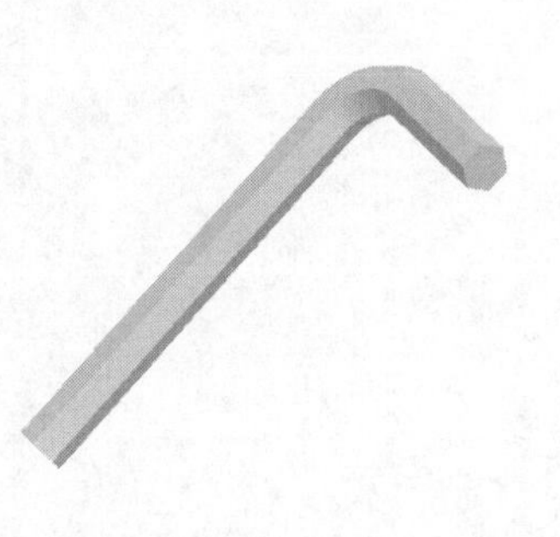

(5) ____________

(6) ____________

组合体建模	班级　　　　学号　　　　姓名

3-3　填空，说明由左侧简单形体生成右侧组合体所进行的布尔运算，包括交（∩）、并（∪）、差（—）。

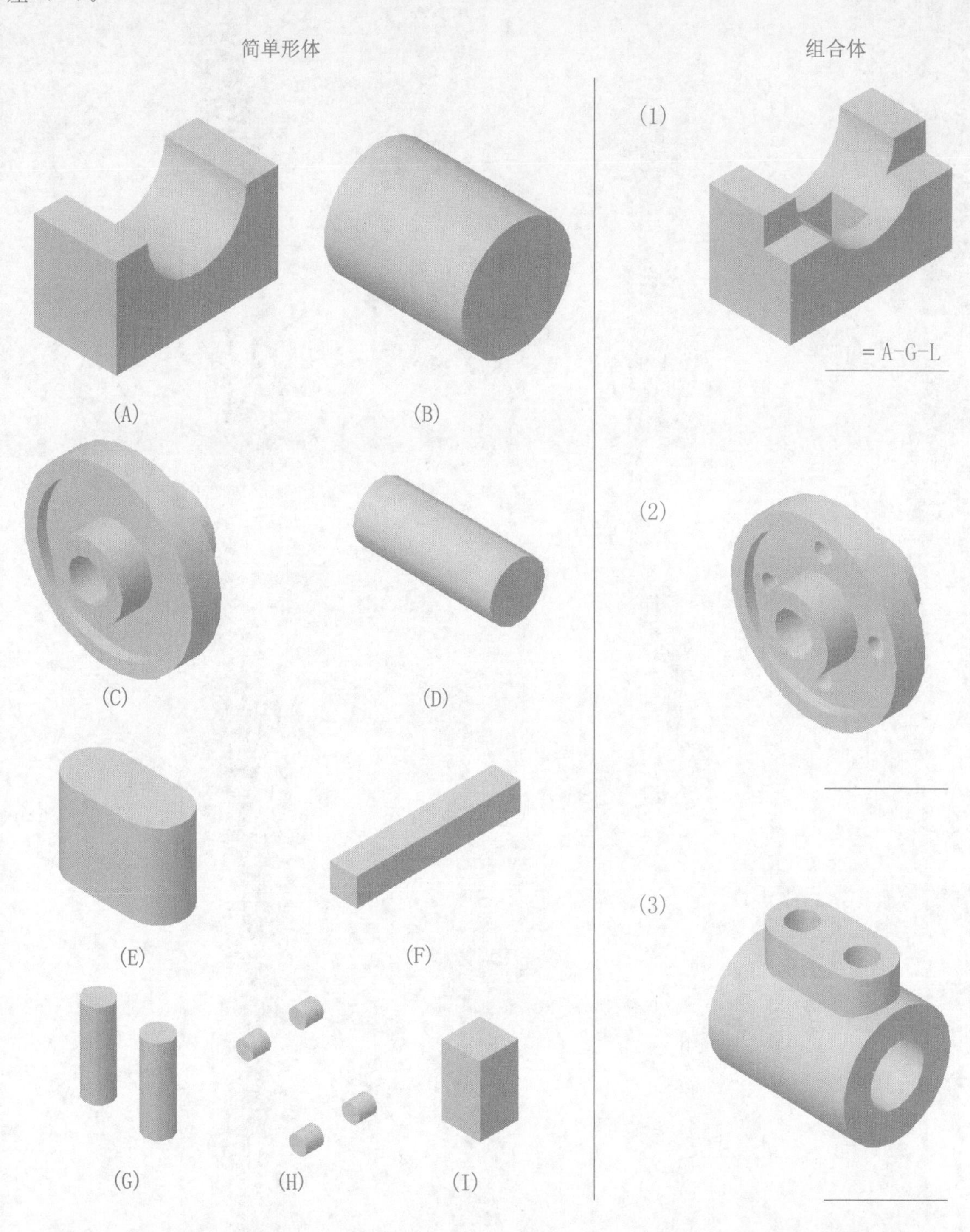

组合体建模	班级　　　学号　　　姓名

3-4　填空，说明由左侧简单形体生成右侧组合体所进行的布尔运算，包括交（∩）、并（∪）、差（－）。

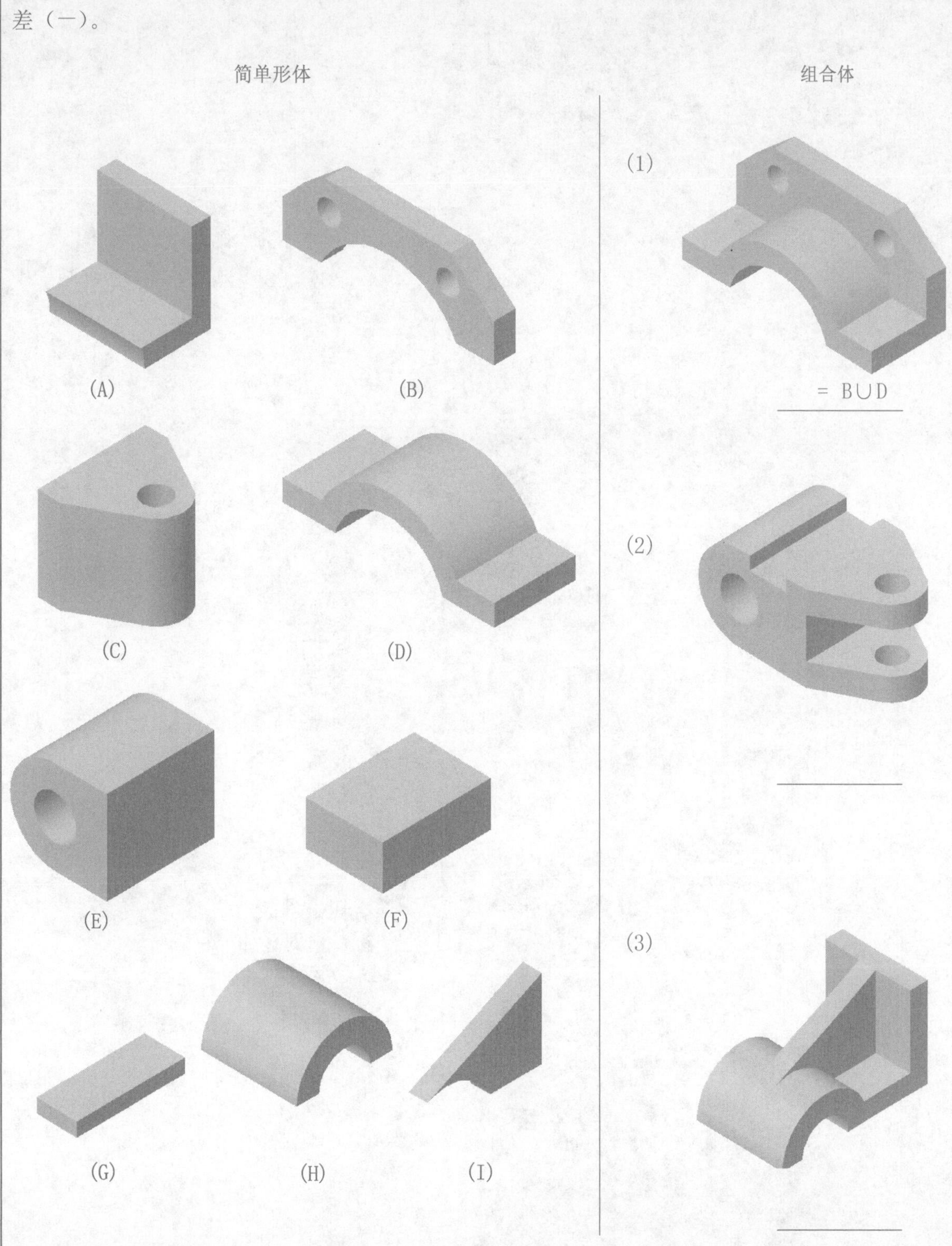

第四章 二维制图基础

立体与三视图	班级 学号 姓名

4-1 根据立体图找出对应的三视图，将对应的立体图序号填写在三视图的括号内，无对应立体图的标记“无”。

(A) (B) 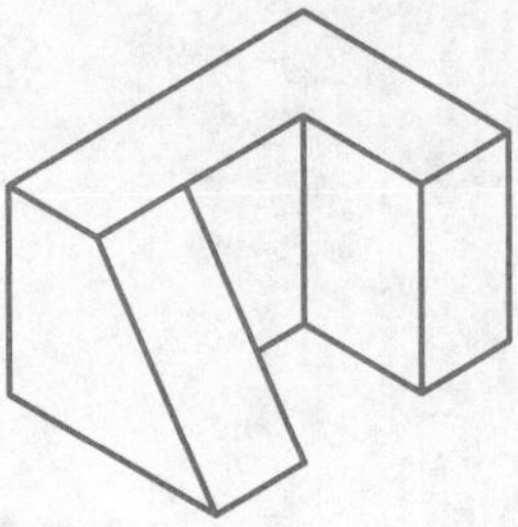 (C)

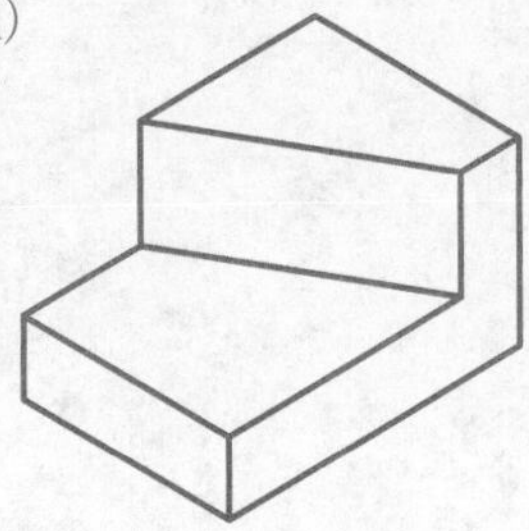

(D) 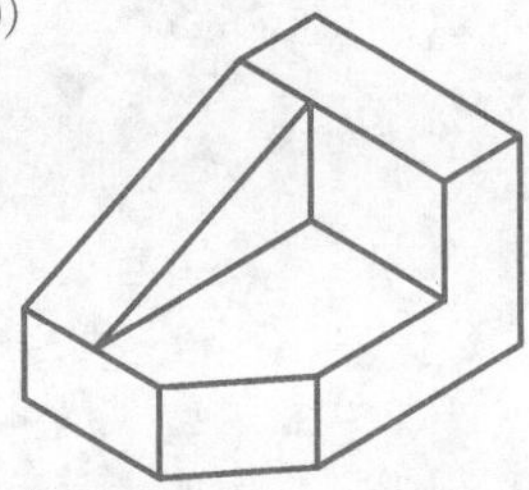 (E)  (F)

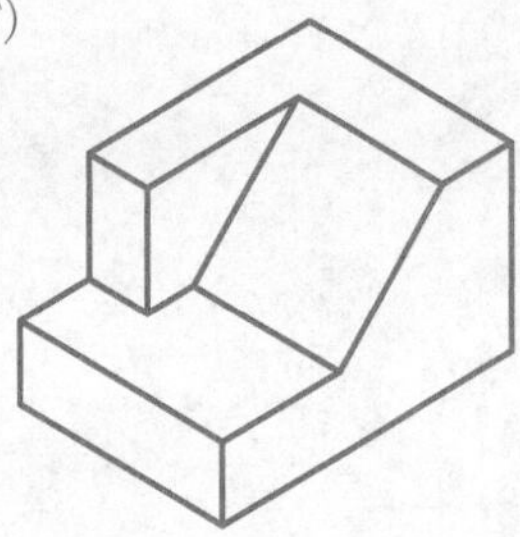

(G) 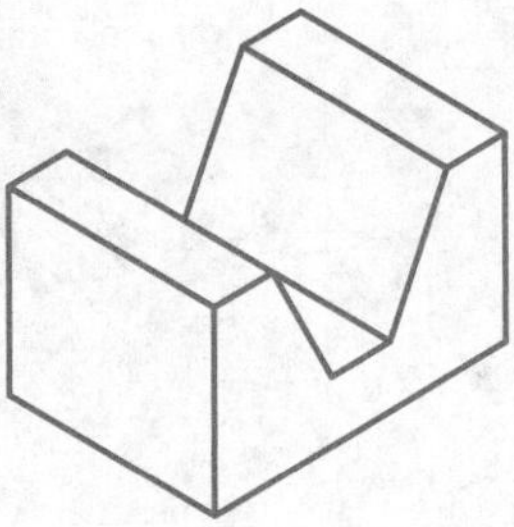 (H) 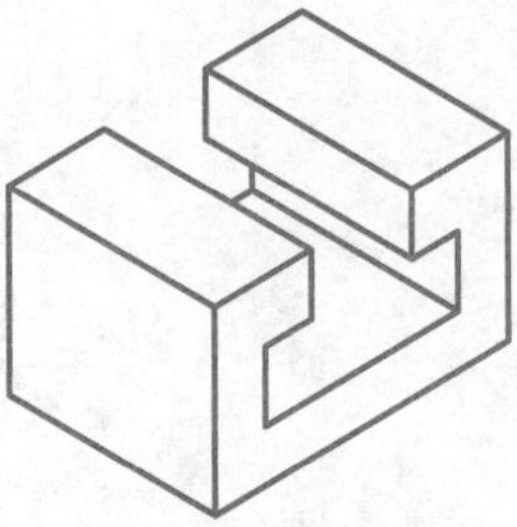 (I)

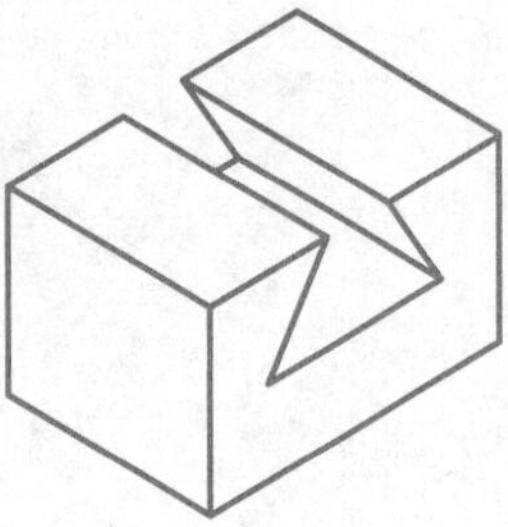

(   )

(   )

接下页

立体与三视图（续）　　班级　　学号　　姓名

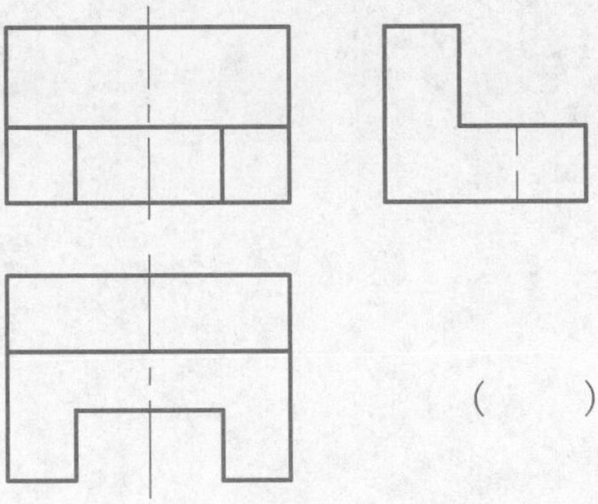

(　　)

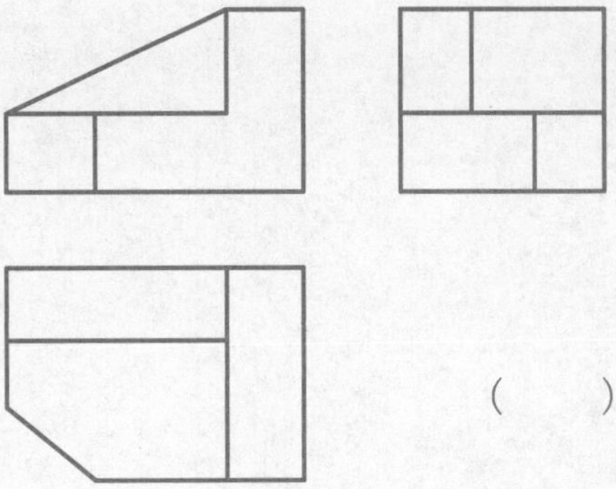

(　　)

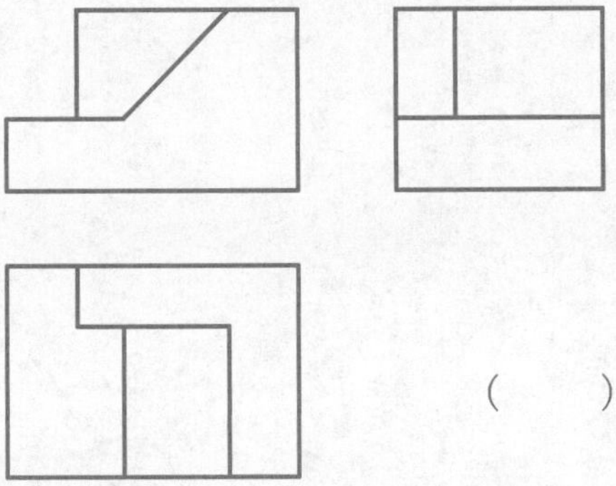

(　　)

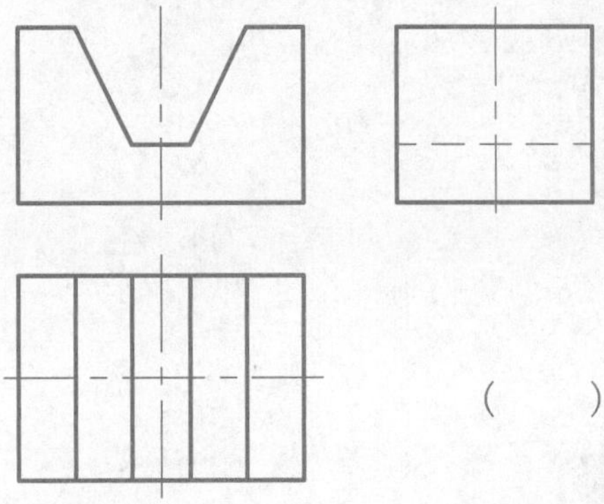

(　　)

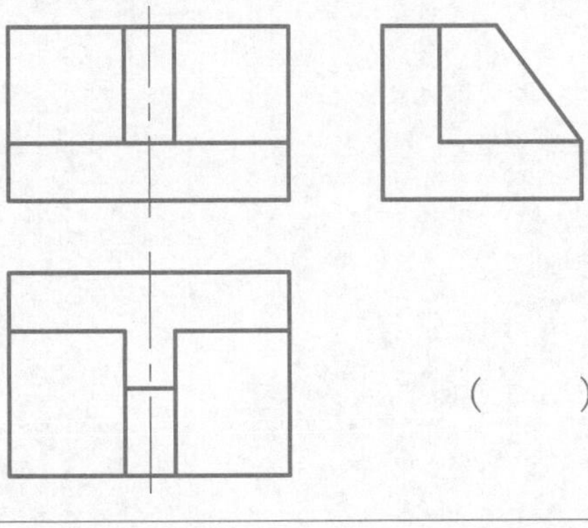

(　　)

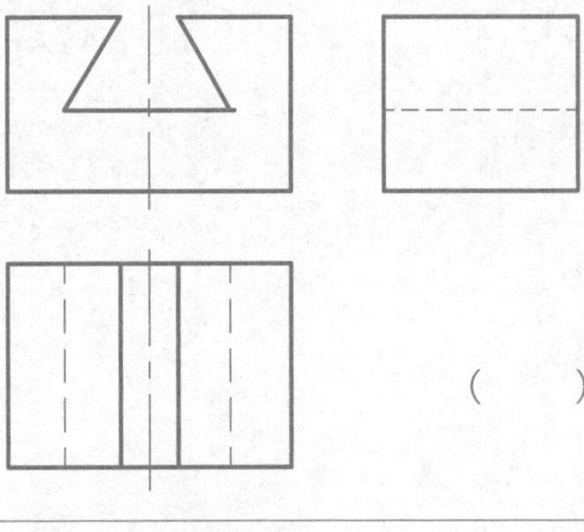

(　　)

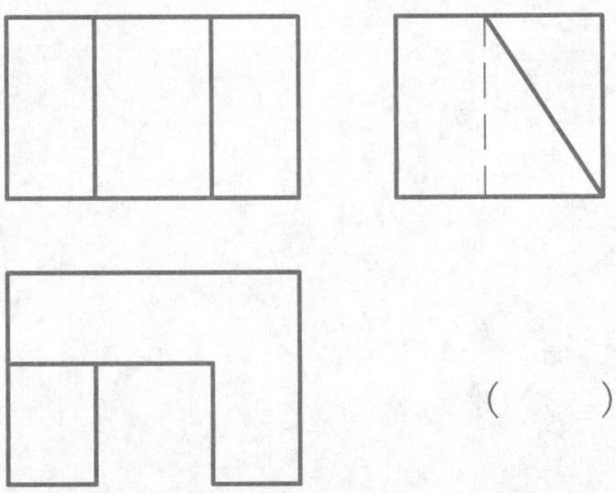

(　　)

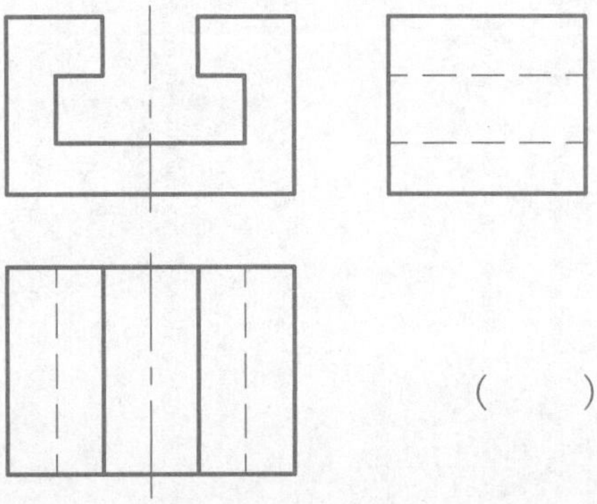

(　　)

三视图补漏线	班级　　　　学号　　　　姓名

4-2　对照立体图，补画三视图上所缺的图线，并填空。

(1)

Q面是　正垂面

AB线是　正平线

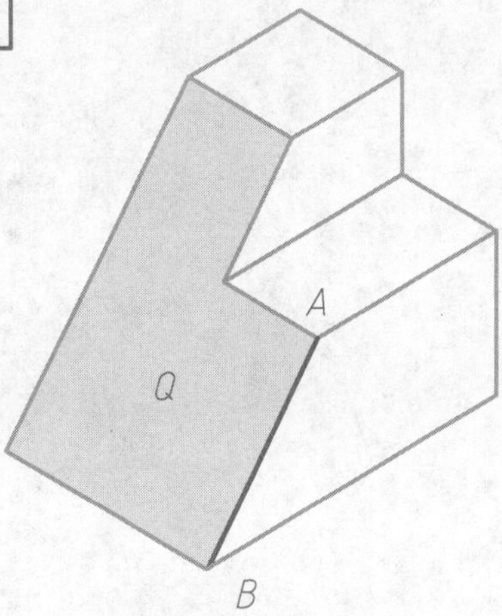

(2)

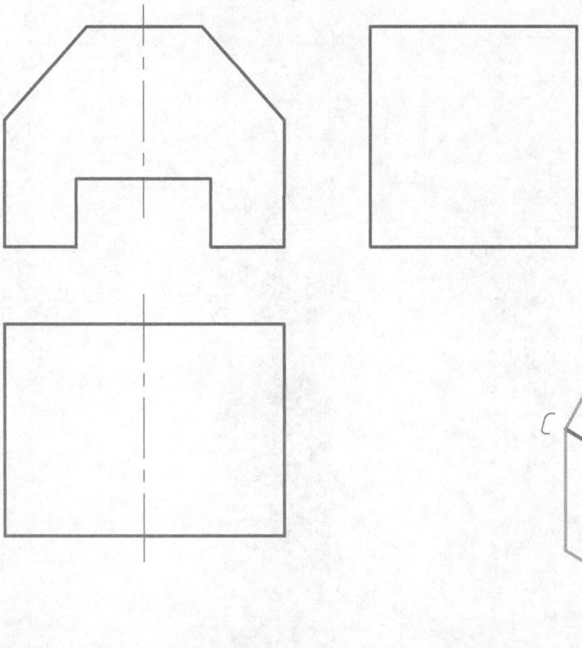

P面是＿＿＿＿

CD线是＿＿＿＿

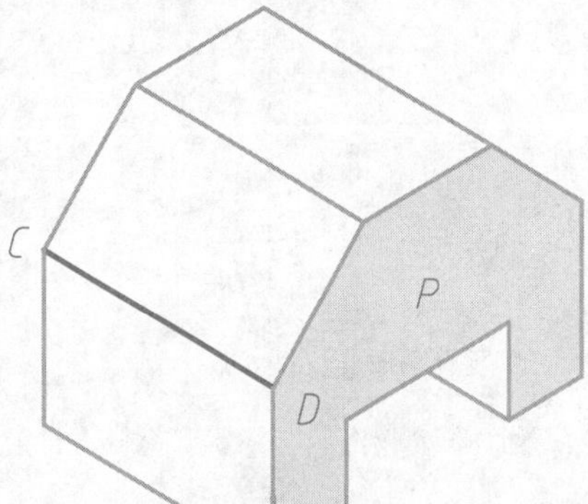

三视图补漏线 | 班级 学号 姓名

4-3 对照立体图，补画三视图上所缺的图线，并填空。

(1)

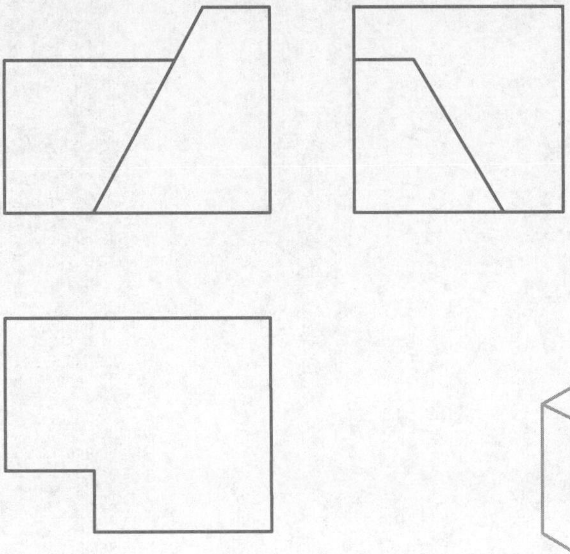

M面是 ____________

EF线是 ____________

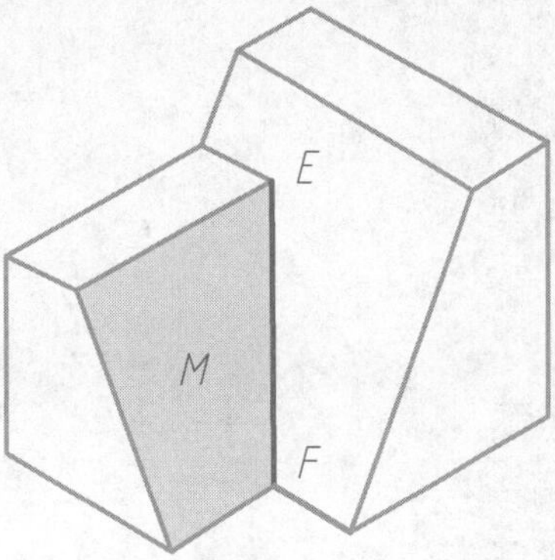

(2)

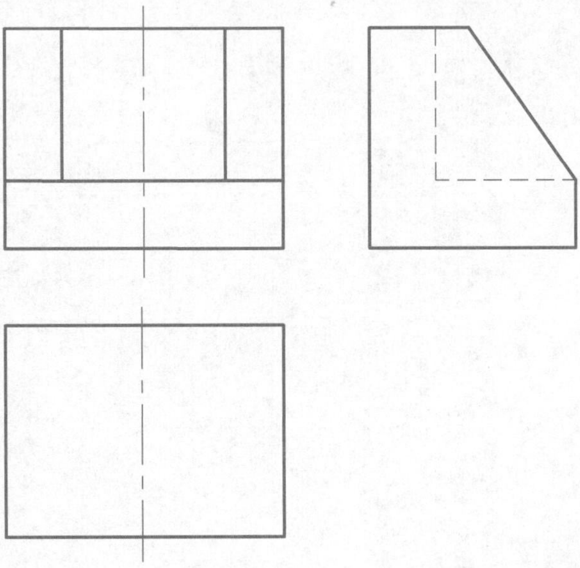

N面是 ____________

HK线是 ____________

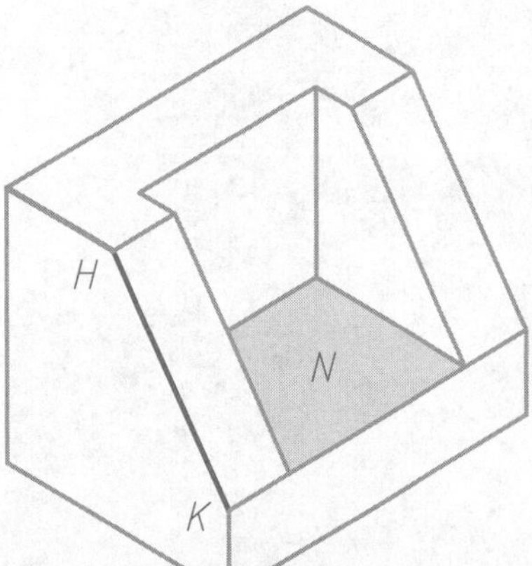

※画三视图综合练习	班级　　　　学号　　　　姓名

4-4　根据立体图中给定的尺寸及主视方向画三视图。

(1)

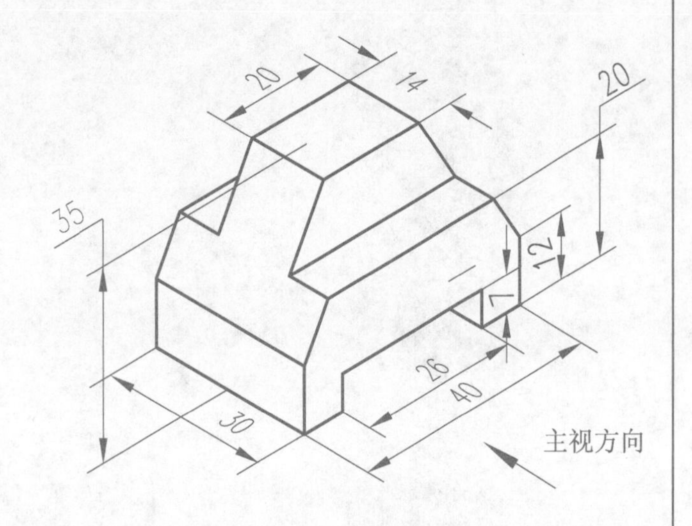

(2)

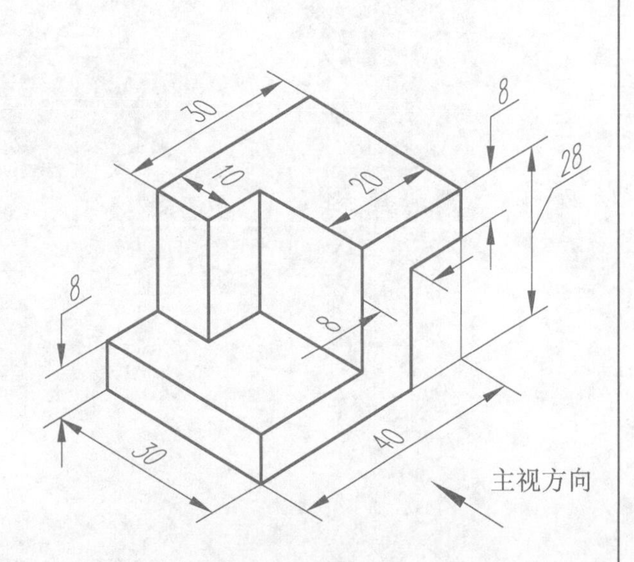

※画三视图综合练习	班级　　　　学号　　　　姓名

4-5　根据立体图中给定的尺寸及主视方向画三视图。

(1)

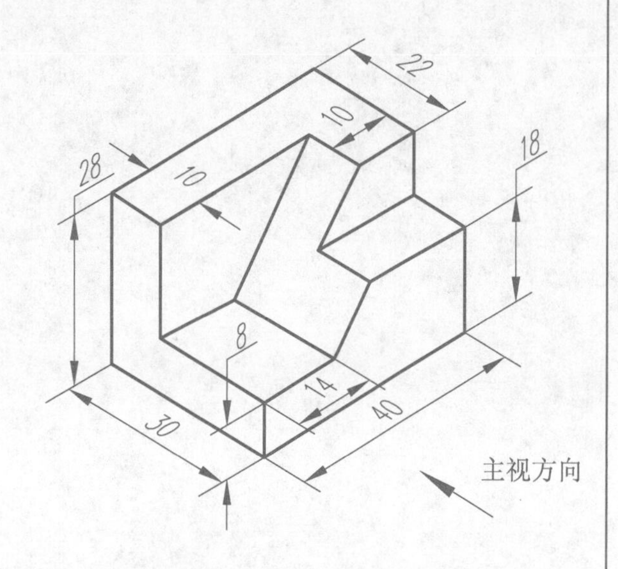

(2)

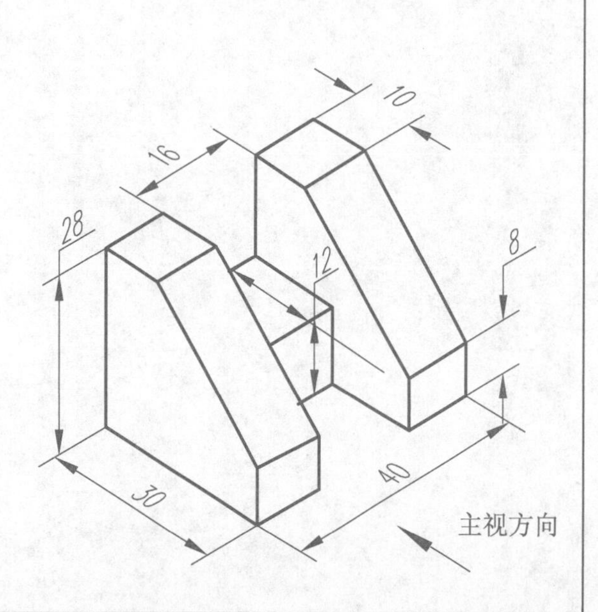

※画三视图综合练习	班级 学号 姓名

4-6 根据立体图中给定的尺寸及主视方向画三视图。

(1)

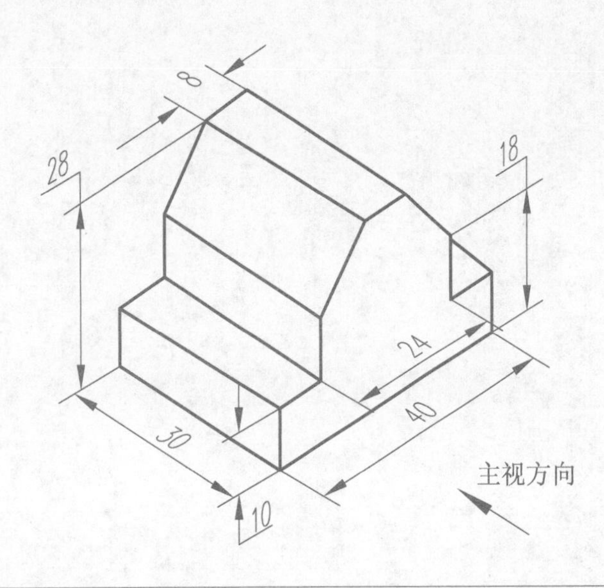

(2)

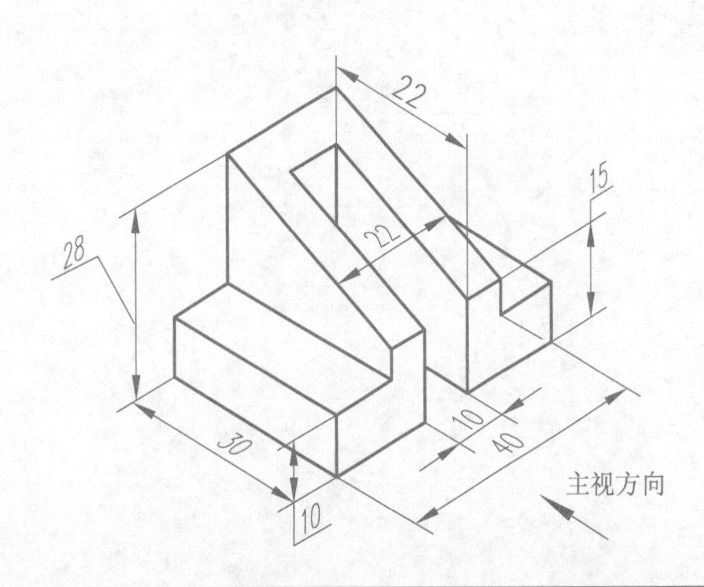

平面与平面立体截交	班级　　　　　学号　　　　　姓名

4-7　柱体被平面截切，画出左视图。

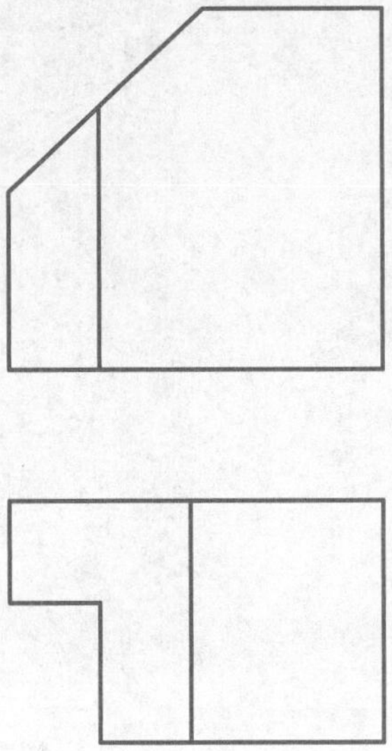

4-8　柱体被平面截切，画出左视图。

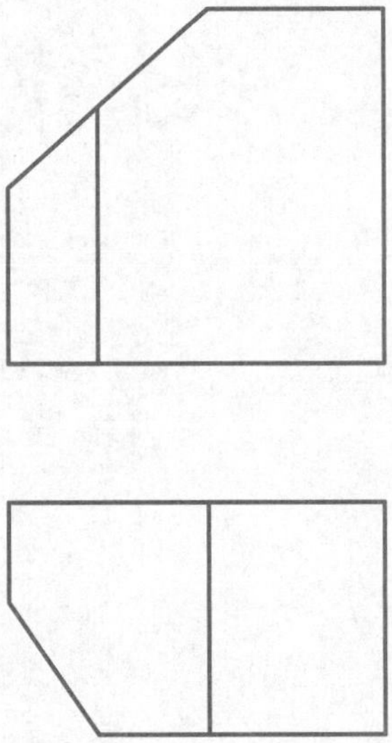

平面与平面立体截交	班级　　　　学号　　　　姓名

4-9　柱体被平面截切，画出左视图。

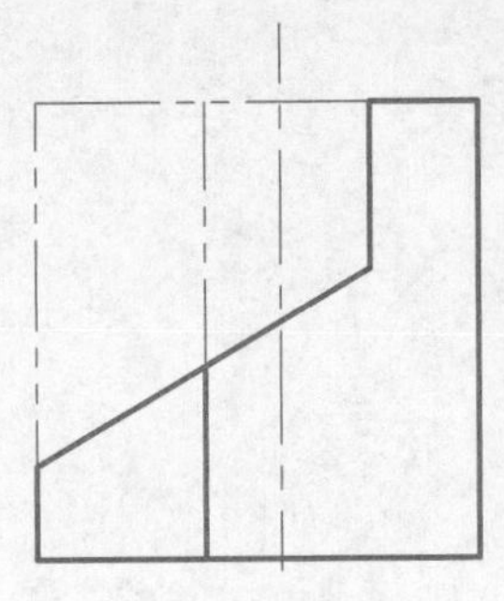

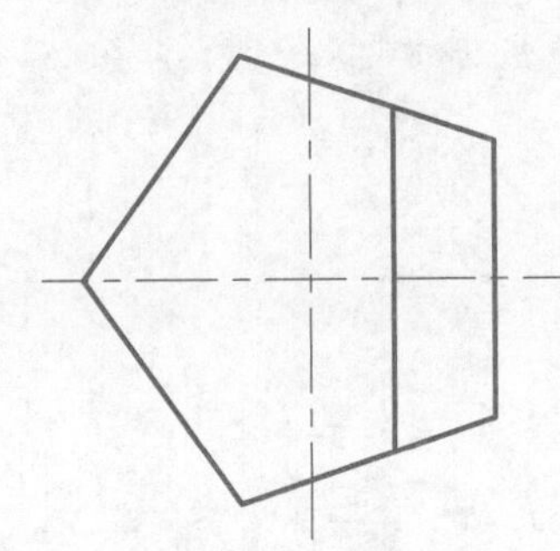

4-10　四棱锥开槽，画全其三个视图。

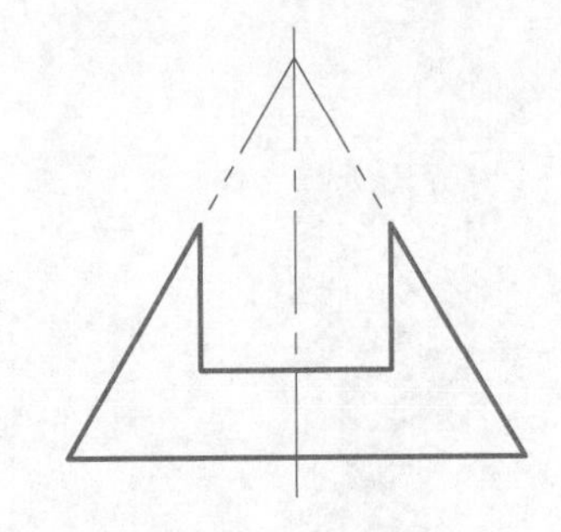

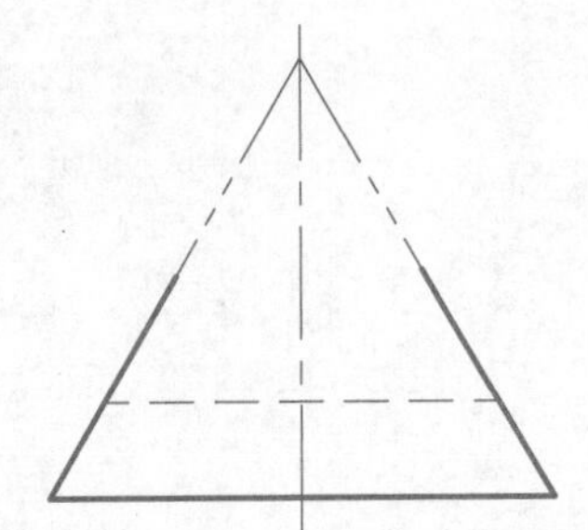

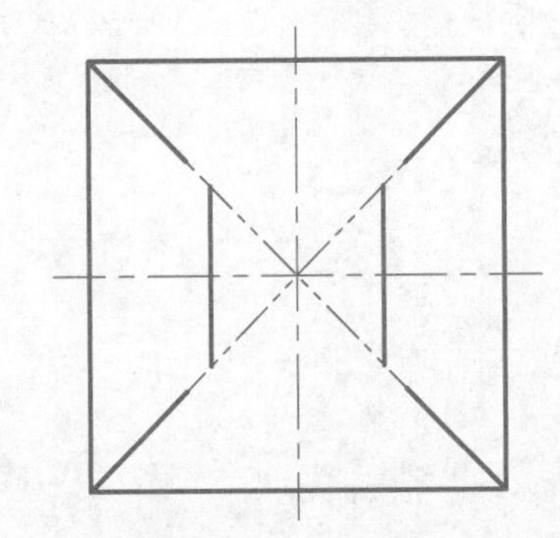

平面与回转体截交	班级　　　　学号　　　　姓名

4-11　补全下列带缺口或通孔的半球、圆柱、圆椎的三视图。

(1)

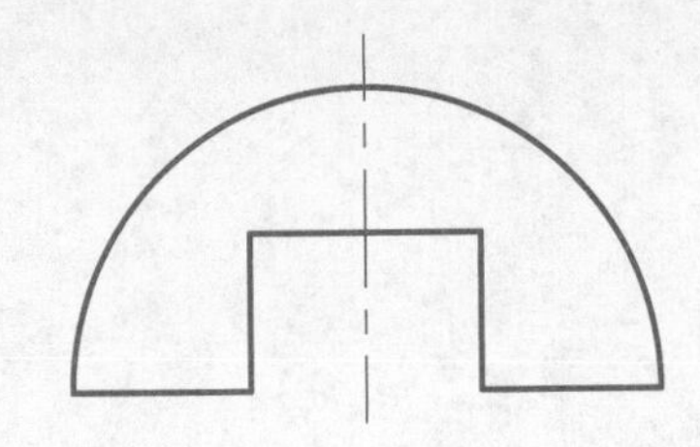

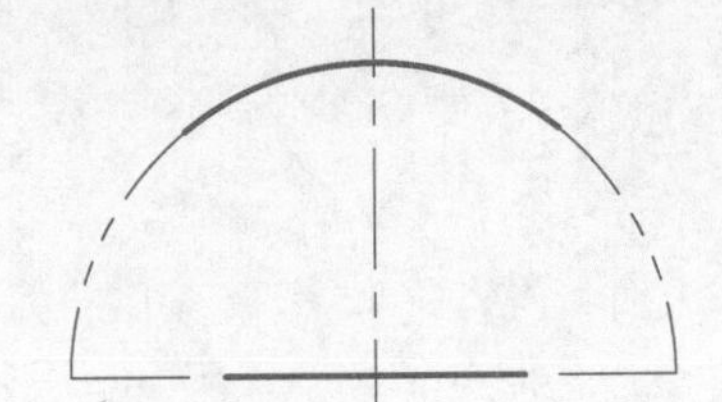

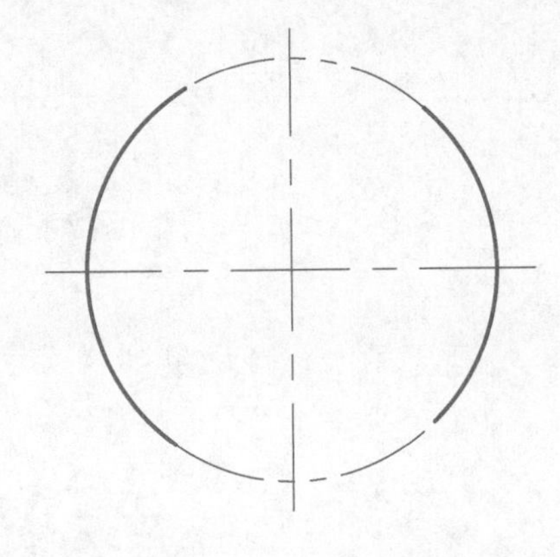

(2)

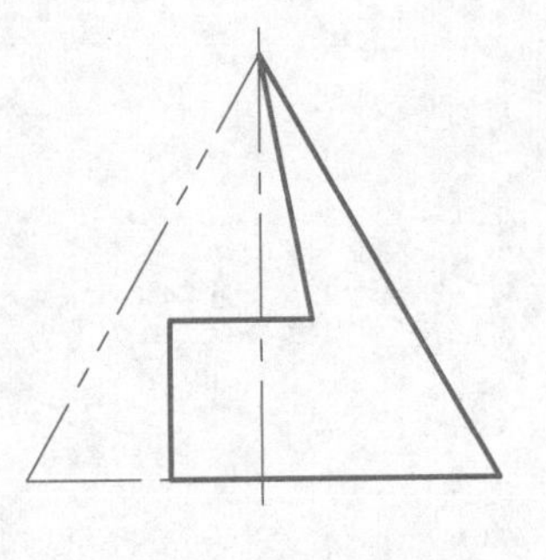

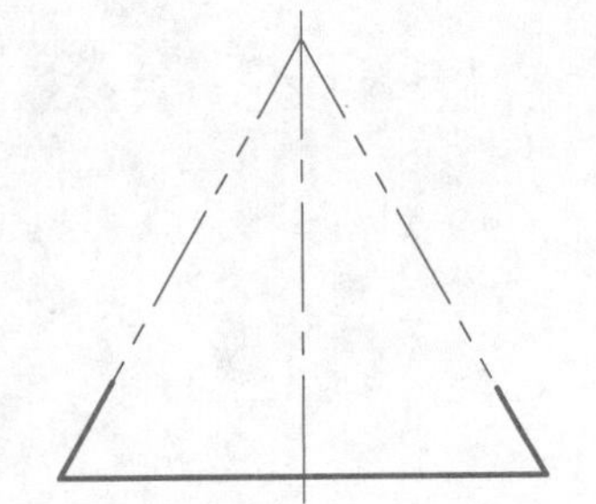

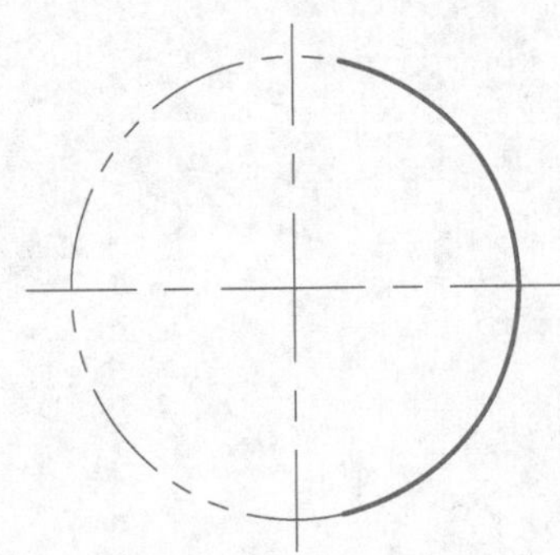

平面与回转体截交	班级　　　　学号　　　　姓名

4-12　补全下列带缺口或通孔的半球、圆柱、圆椎的三视图。

(1)

(2)

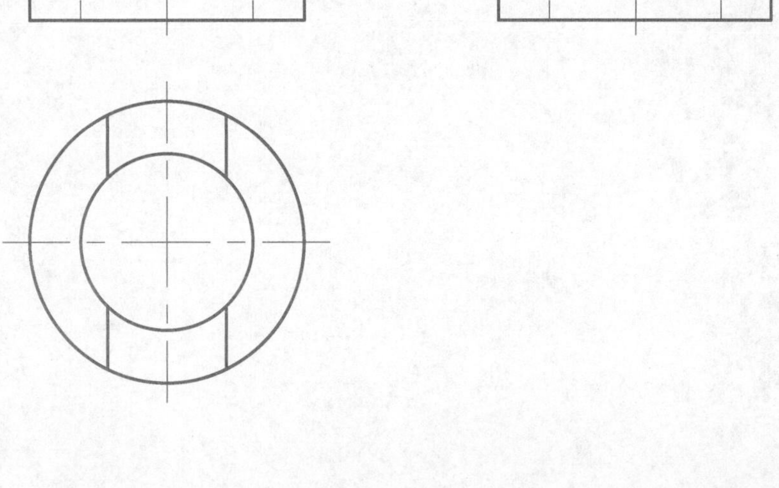

平面与回转体截交	班级　　　　学号　　　　姓名

4-13　根据主视图和俯视图，选择正确的左视图，并在括号内画√。

(1)

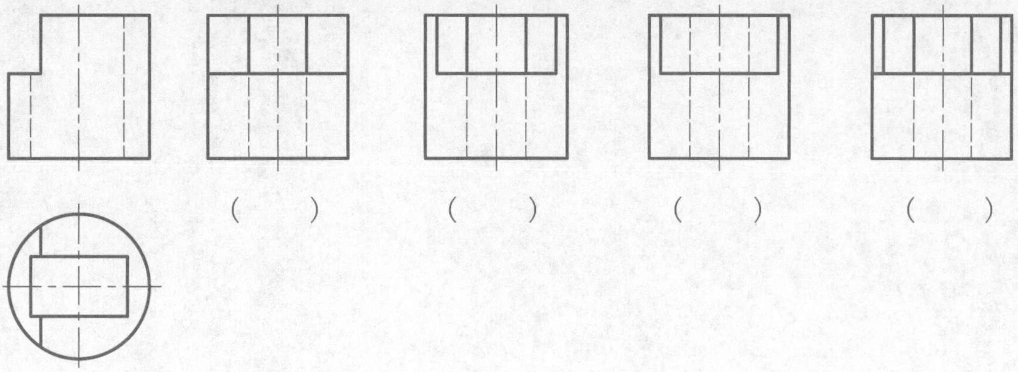

(　　)　　(　　)　　(　　)　　(　　)

(2)

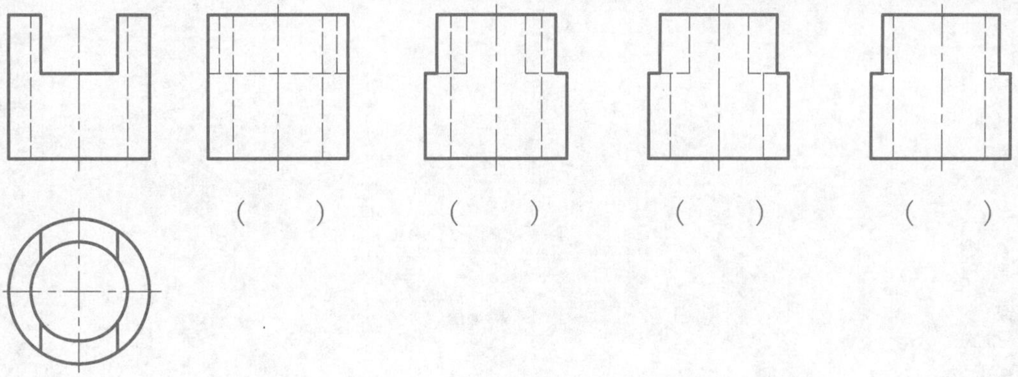

(　　)　　(　　)　　(　　)　　(　　)

(3)

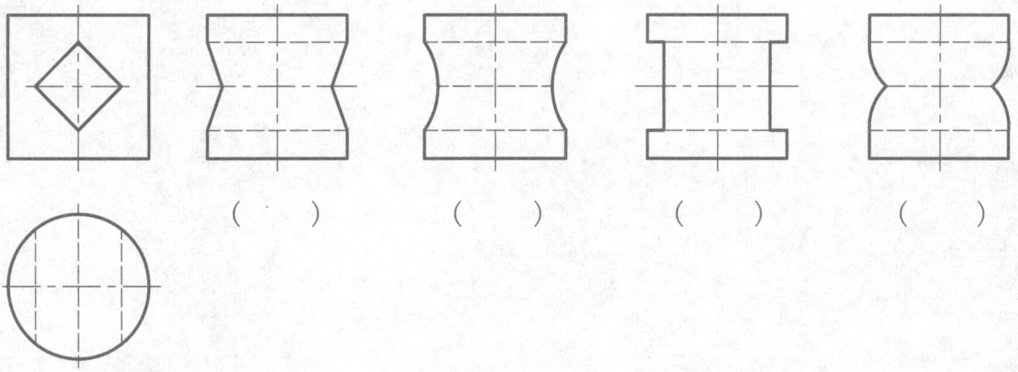

(　　)　　(　　)　　(　　)　　(　　)

平面与回转体截交	班级　　　　学号　　　　姓名

4-14　根据主视图和俯视图，选择正确的左视图，并在括号内画√。

(1)

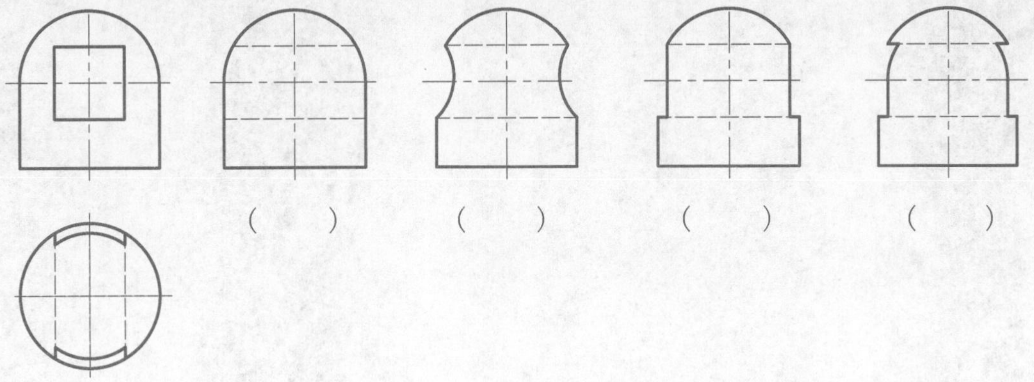

(　　)　(　　)　(　　)　(　　)

(2)

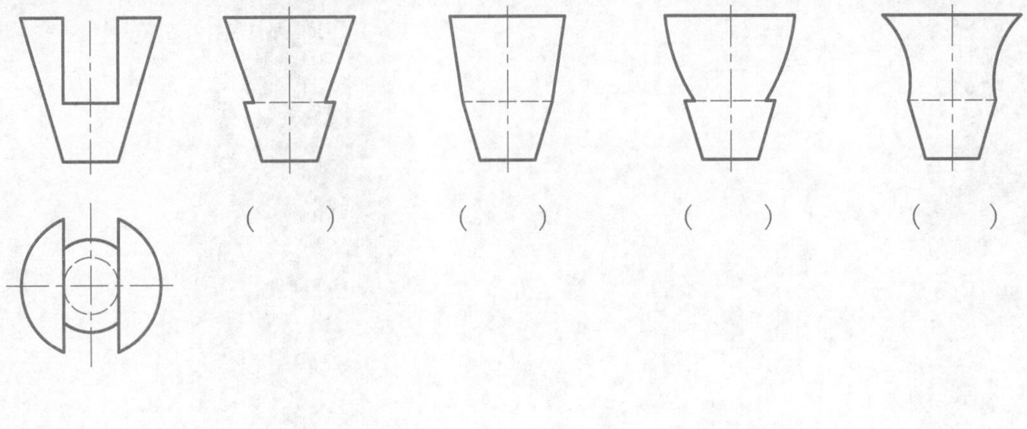

(　　)　(　　)　(　　)　(　　)

(3)

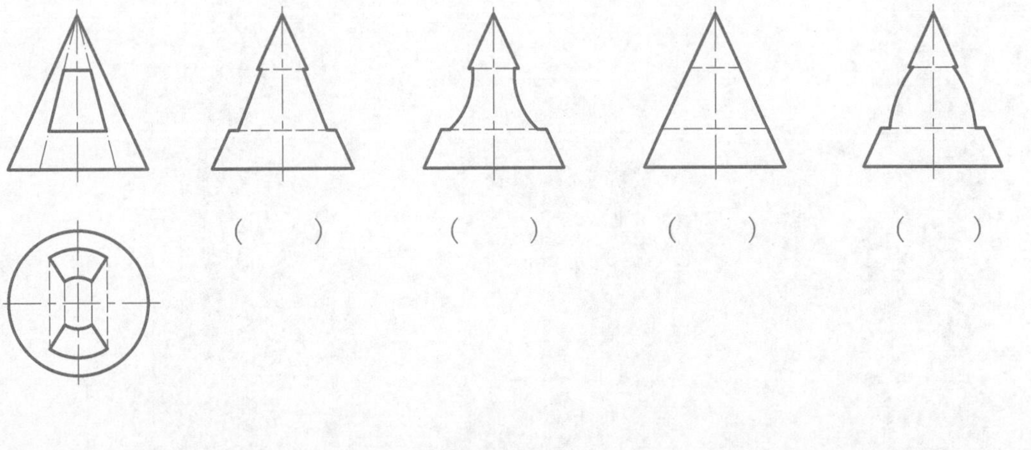

(　　)　(　　)　(　　)　(　　)

立体与立体相交	班级　　　　　学号　　　　　姓名

4-15　画出两圆柱面的相贯线。

(1)

(2)

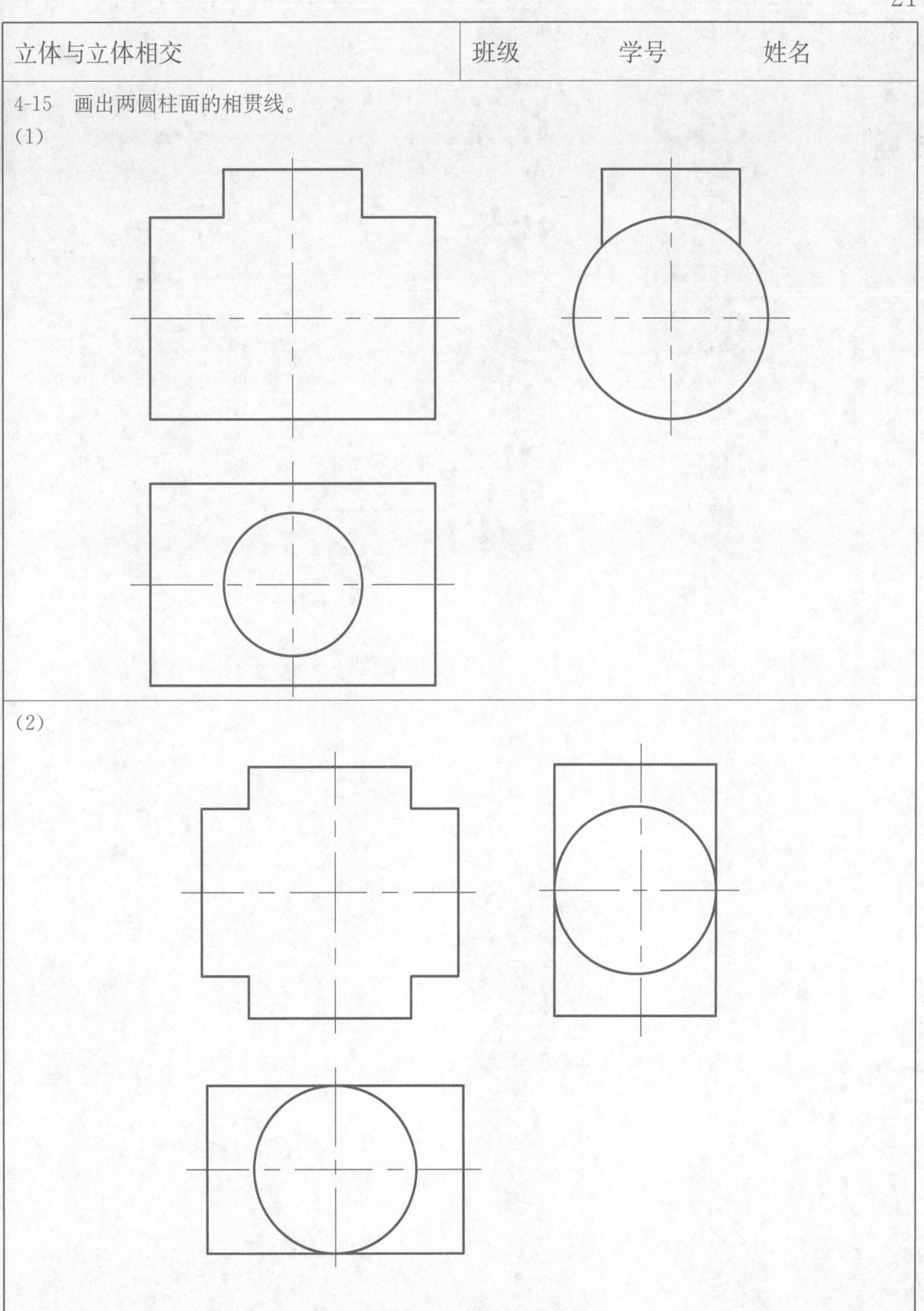

立体与立体相交	班级　　　　　学号　　　　　姓名

4-16　画出带孔圆柱面的相贯线。

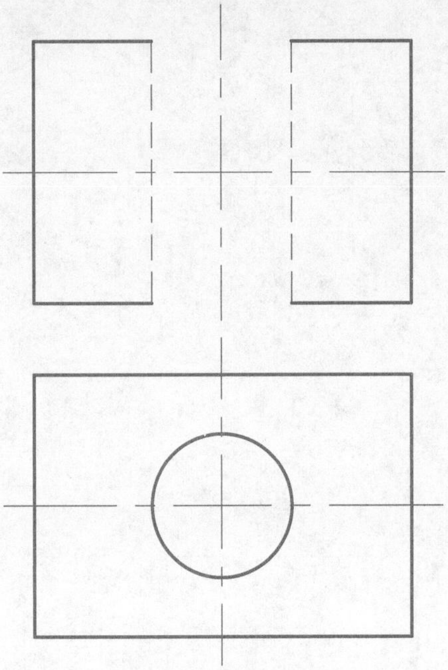

4-17　画出球面与圆柱孔的相贯线。

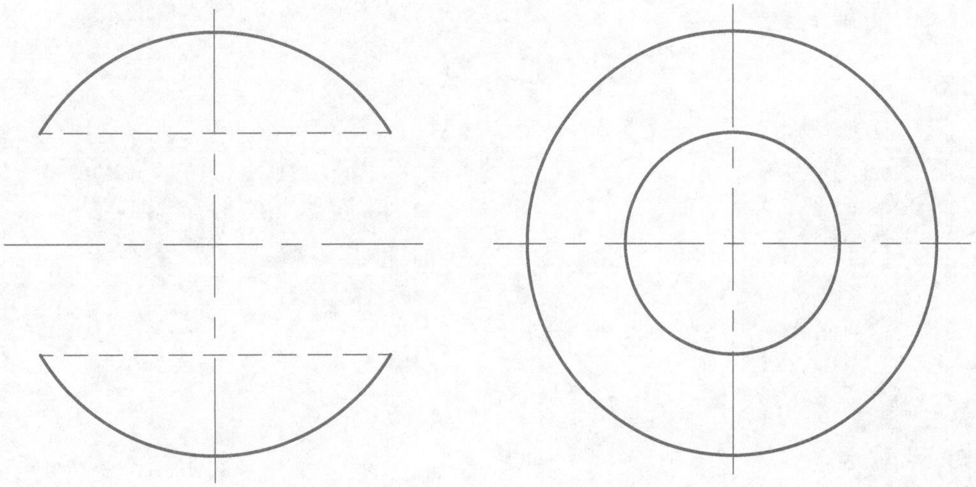

立体与立体相交　　班级　　学号　　姓名

4-18　根据主视图和俯视图，选择正确的左视图，并在括号内画√。

(1)

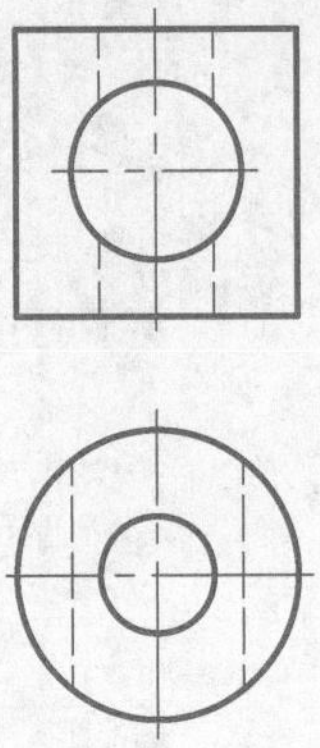

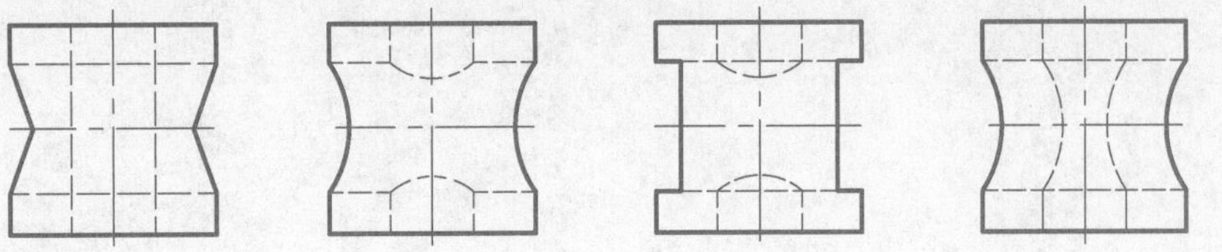

(　)　(　)　(　)　(　)

(2)

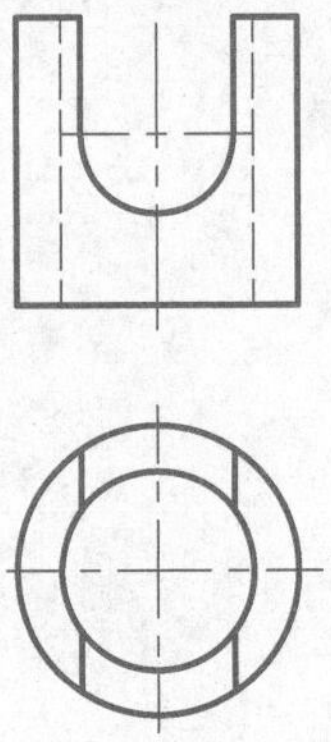

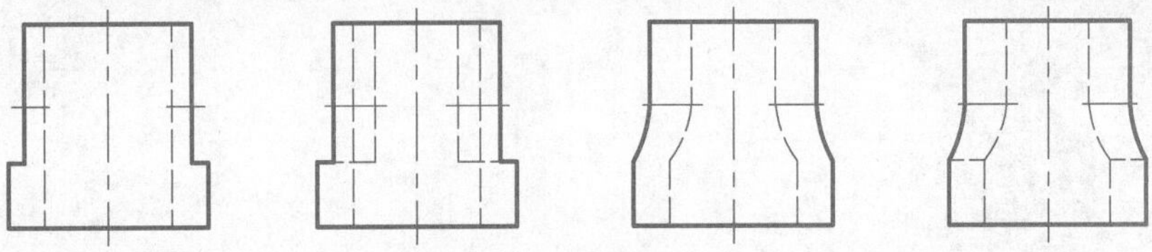

(　)　(　)　(　)　(　)

(3)

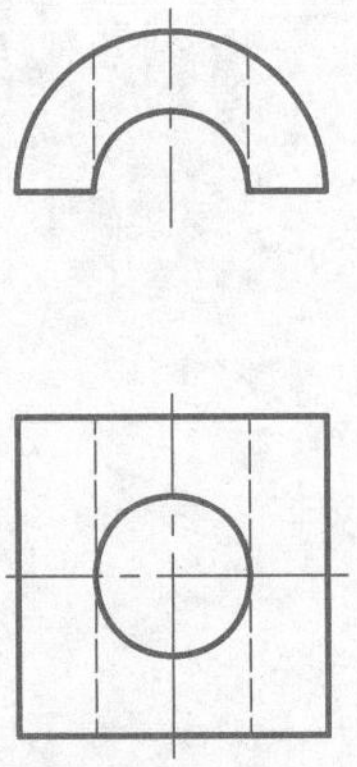

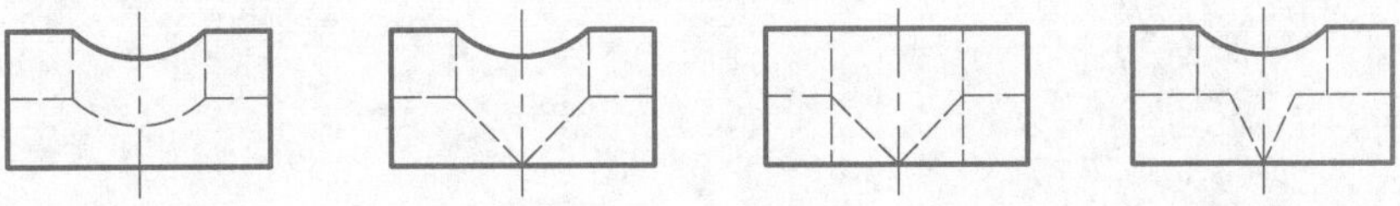

(　)　(　)　(　)　(　)

立体与立体相交	班级　　　　学号　　　　姓名

4-19　根据主视图和俯视图，选择正确的左视图，并在括号内画√。

(1)

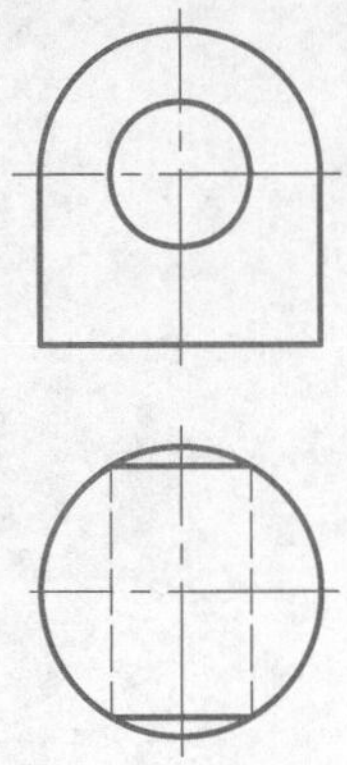

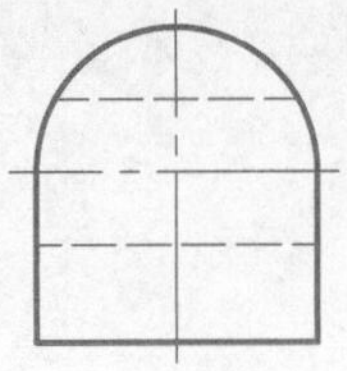

(　)　(　)　(　)　(　)

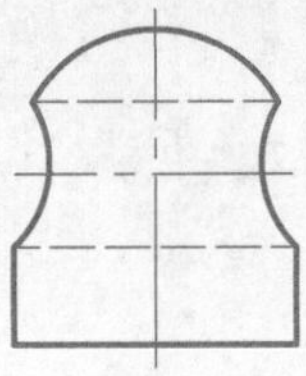

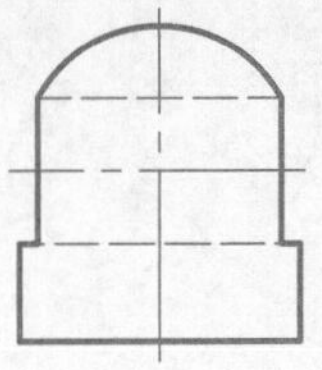

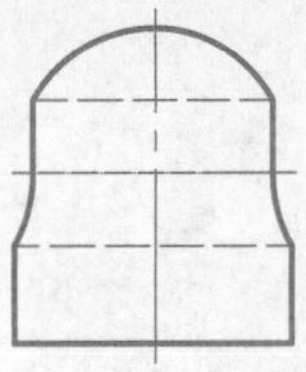

(2)

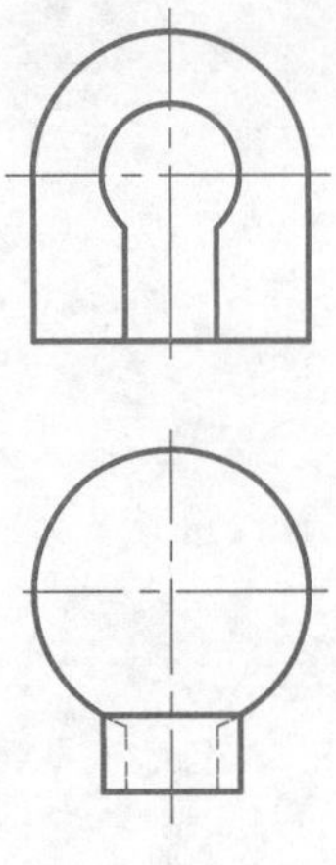

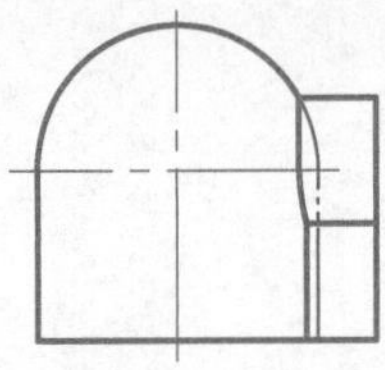

(　)　(　)　(　)　(　)

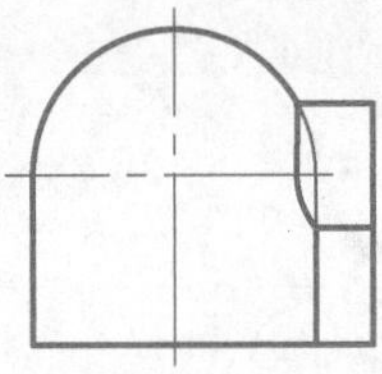

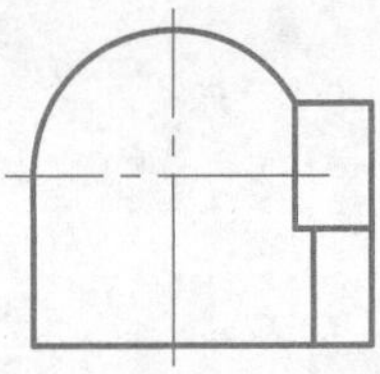

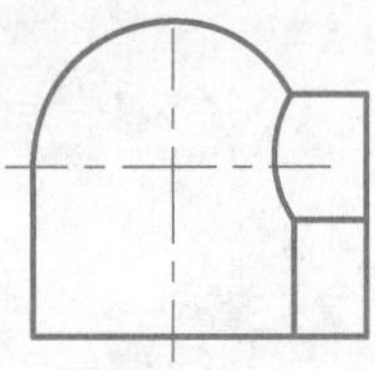

(3)

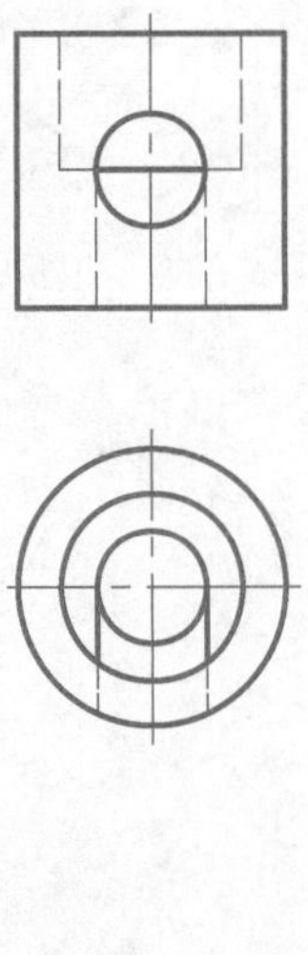

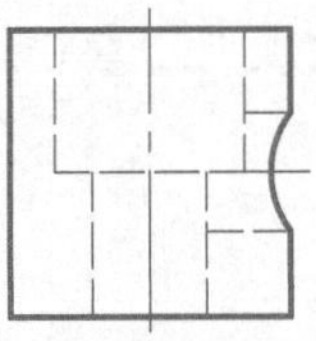

(　)　(　)　(　)　(　)

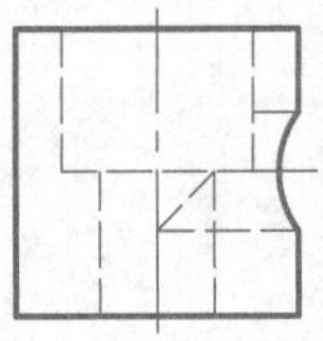

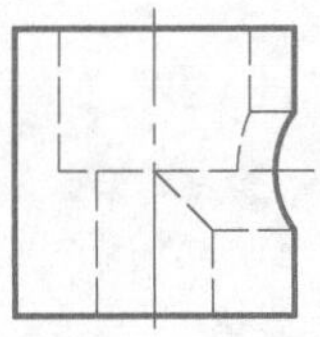

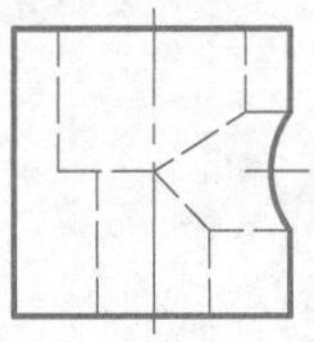

※截交相贯综合练习	班级　　　学号　　　姓名

4-20　补全三个视图中所缺的线。

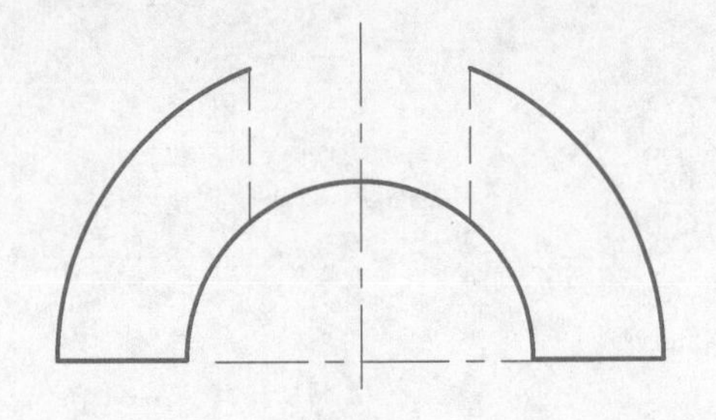

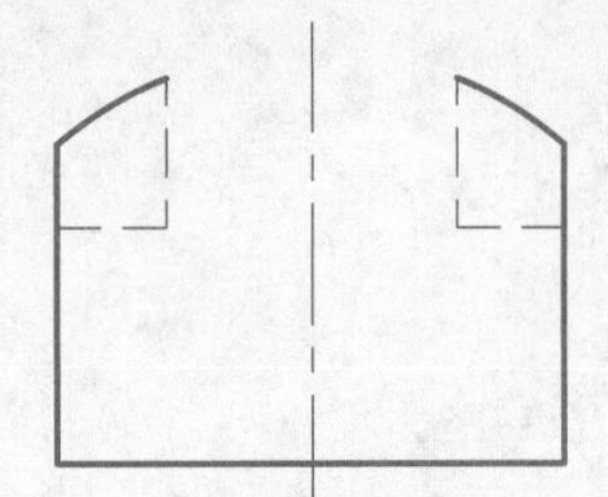

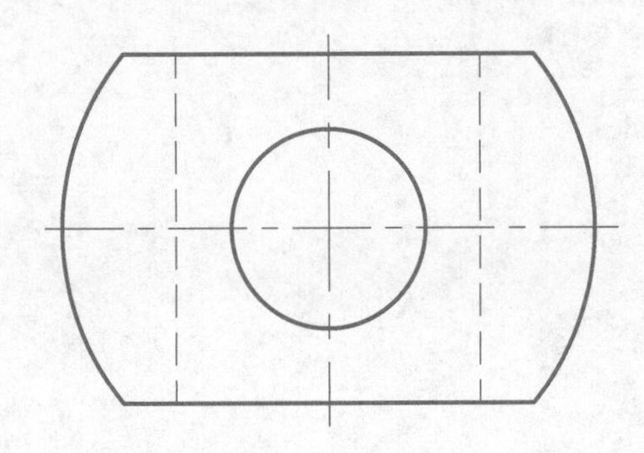

4-21　画出俯视图，补全左视图。

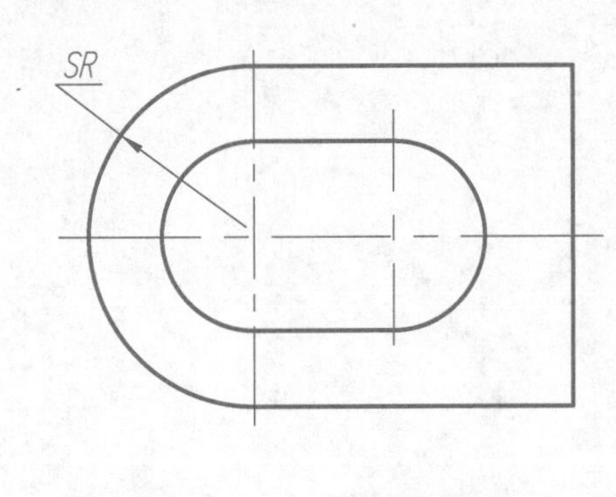

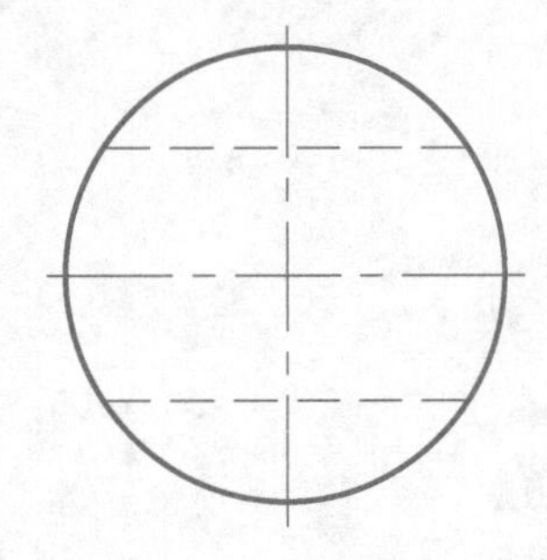

※截交相贯综合练习	班级　　　　学号　　　　姓名

4-22　已知两视图，画出第三个视图。

(1)

(2)

※截交相贯综合练习	班级　　　　学号　　　　姓名

4-23　已知两视图，画出第三个视图。

(1)

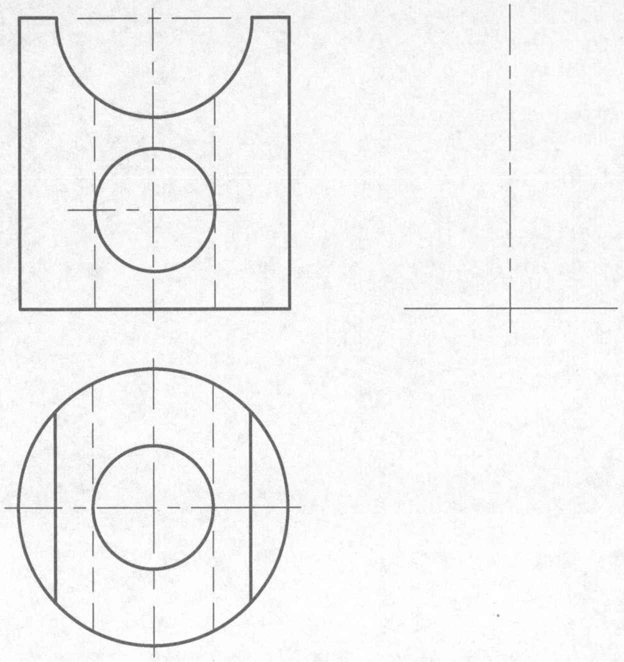

(2)

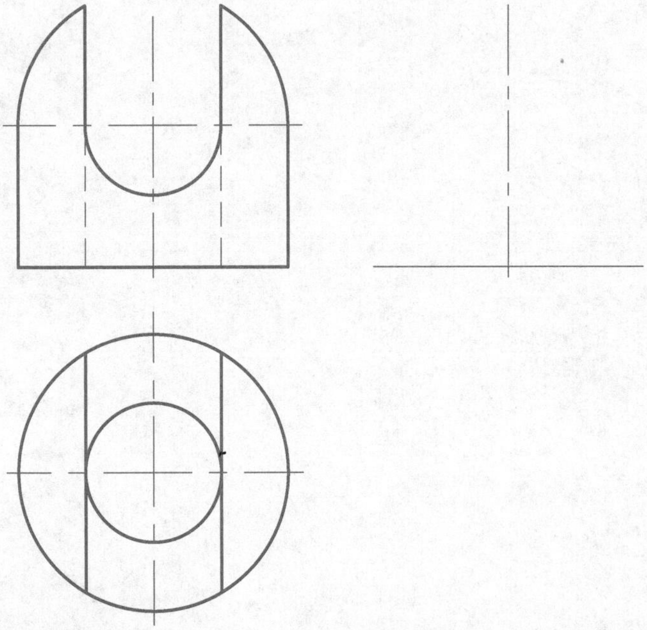

画组合体三视图	班级　　　　学号　　　　姓名

4-24　根据轴测图，按 1∶1 画出组合体的三视图，不标注尺寸。

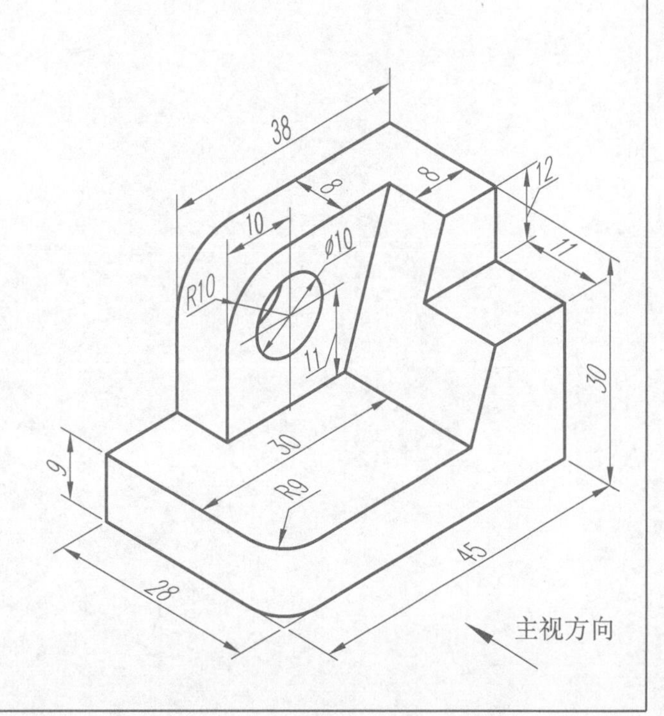

画组合体三视图	班级　　　　学号　　　　姓名

4-25　根据轴测图，按 1：1 画出组合体的三视图，不标注尺寸。

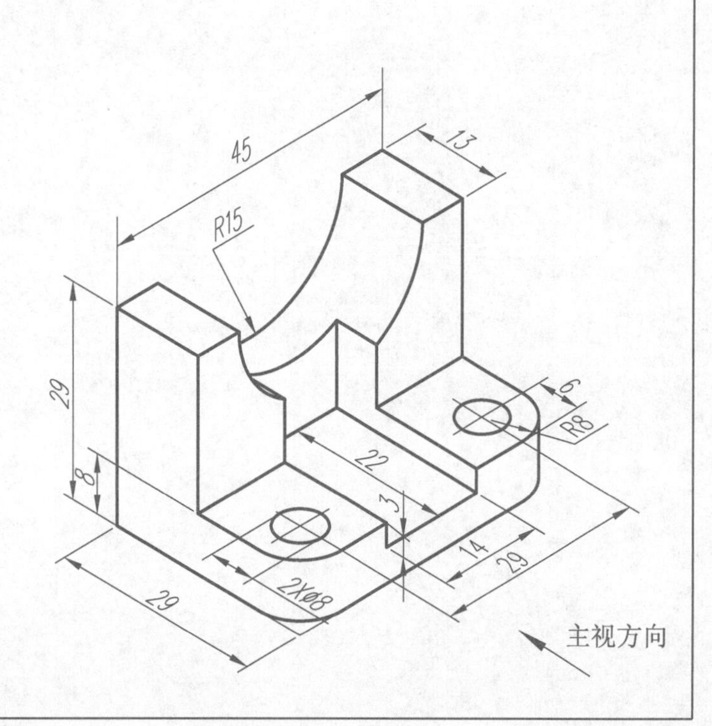

※画组合体三视图	班级　　　　学号　　　　姓名

4-26　参考立体图，徒手画组合体三视图，尺寸自定。

(1)

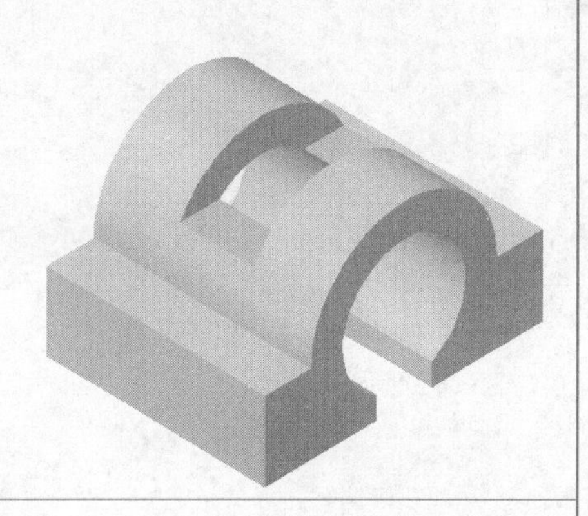

(2)

※画组合体三视图	班级　　　　学号　　　　姓名

4-27　参考立体图，徒手画组合体三视图，尺寸自定。

(1)

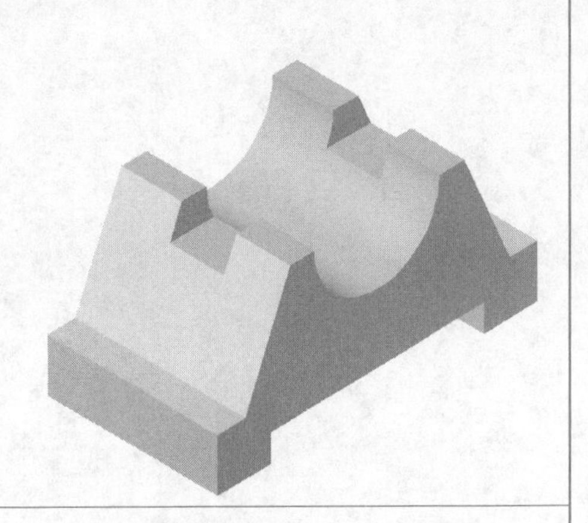

(2)

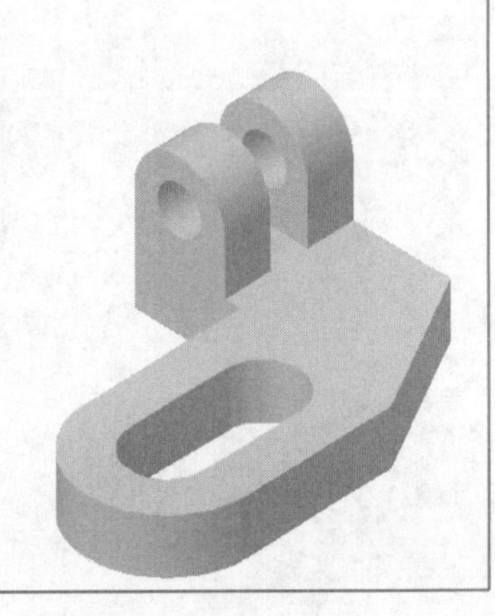

组合体正等测图	班级　　　　　学号　　　　　姓名

4-28　根据三视图，在下方徒手画轴测图。

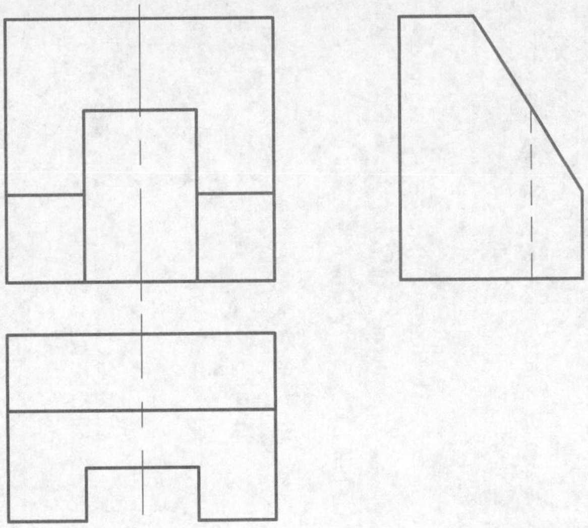

组合体正等测图	班级　　　学号　　　姓名

4-29　根据三视图，在下方徒手画轴测图。

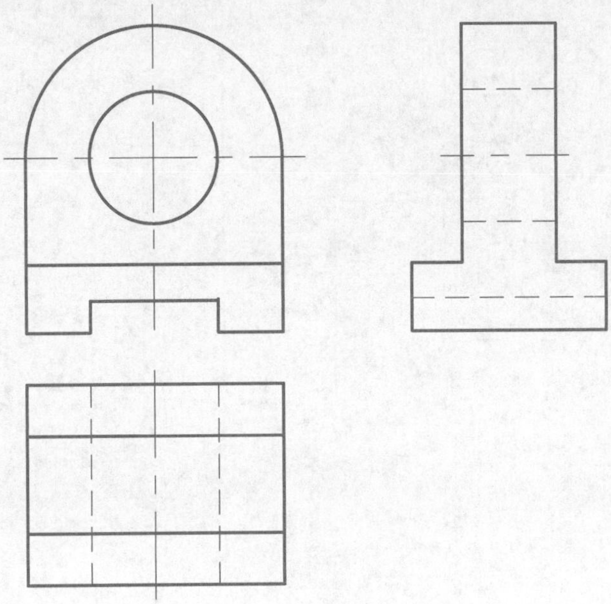

组合体读图	班级　　　　学号　　　　姓名

4-30　看懂三视图所示物体的形状，完成指定作投影分析的表面的标注，最后按这些表面相对于投影面的位置在圆圈内填入表示这些表面的大写字母。

(1)

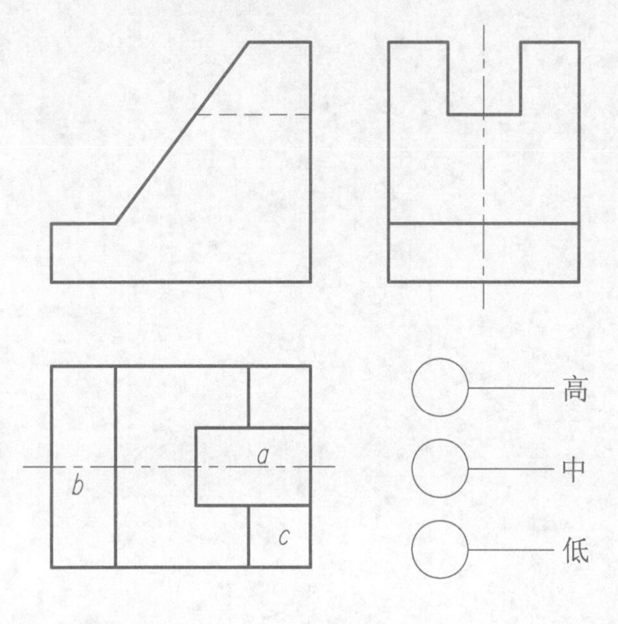

(2)

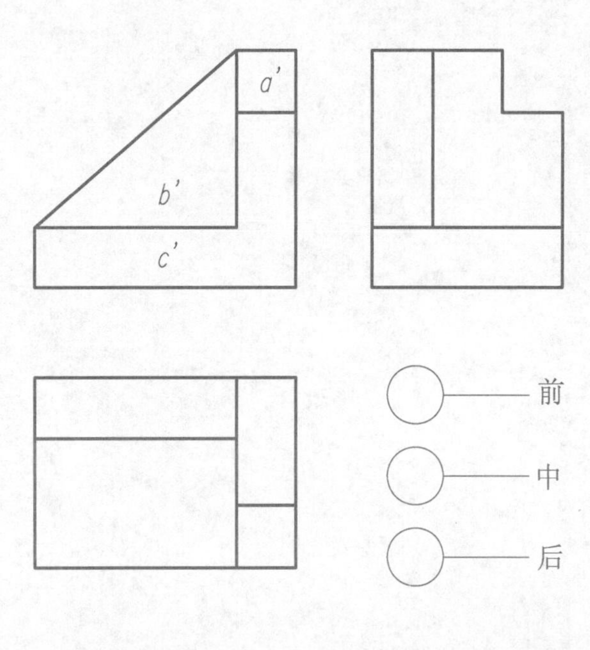

组合体读图	班级　　　学号　　　姓名

4-31　看懂三视图所示物体的形状，完成指定作投影分析的表面的标注，最后按这些表面相对于投影面的位置在圆圈内填入表示这些表面的大写字母。

(1)

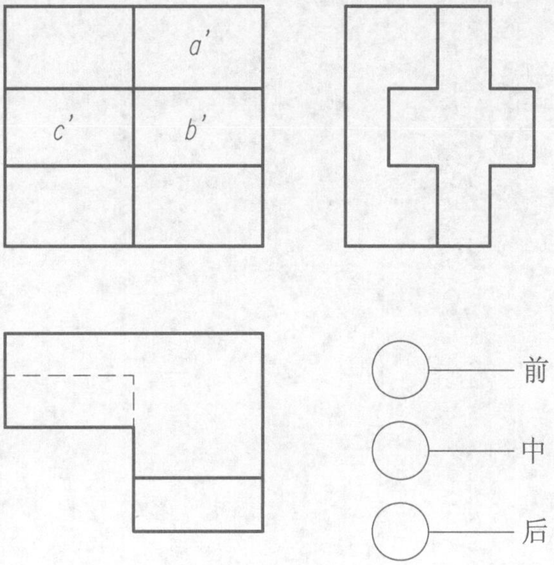

a′
c′
b′

前
中
后

(2)

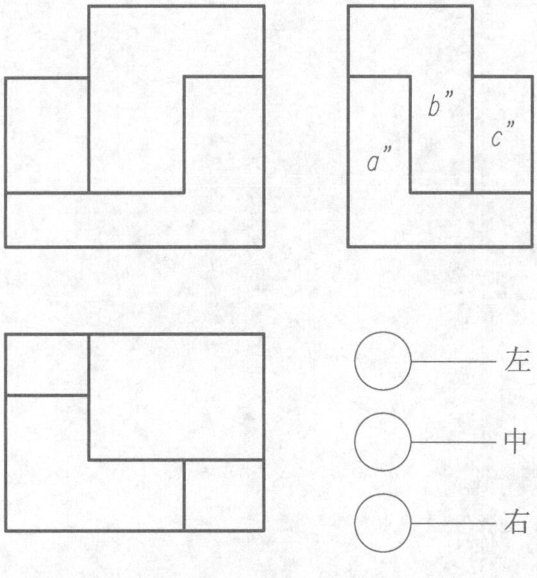

b″
a″
c″

左
中
右

组合体读图	班级　　　学号　　　姓名

4-32　看懂三视图所示物体的形状，完成指定作投影分析的表面的标注，最后按这些表面相对于投影面的位置在圆圈内填入表示这些表面的大写字母。

(1)

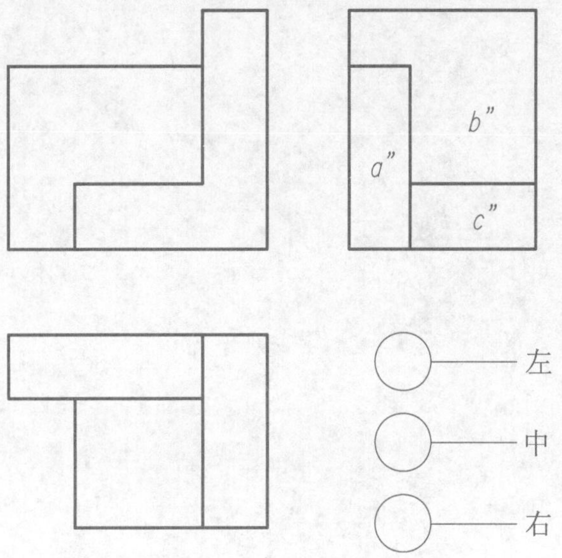

b"
a"
c"

左
中
右

(2)

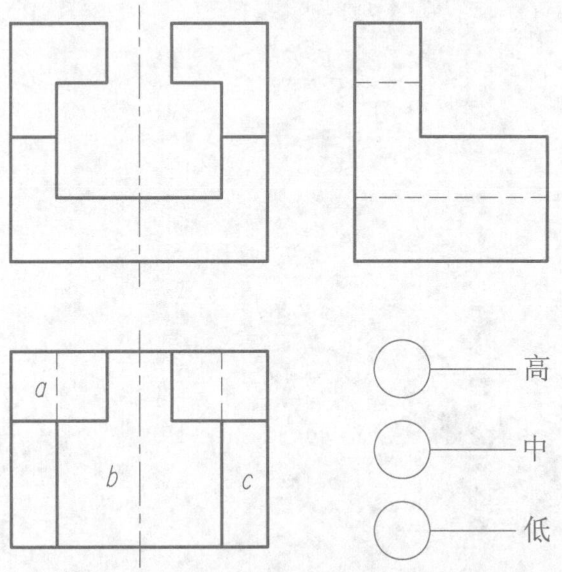

a
b
c

高
中
低

组合体读图	班级　　　学号　　　姓名

4-33　根据物体的两视图，画出该物体的第三视图。

(1)

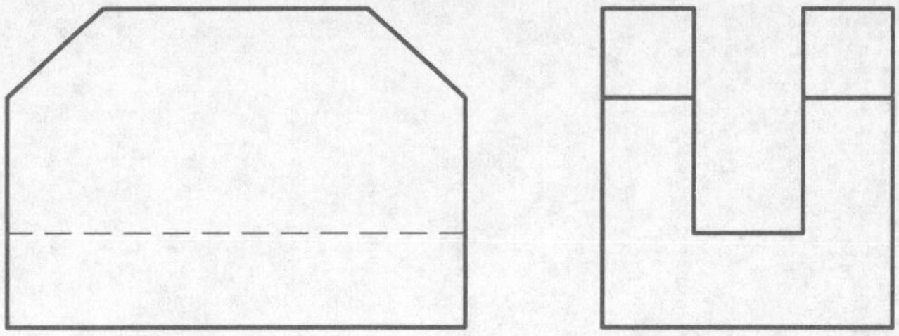

(2)

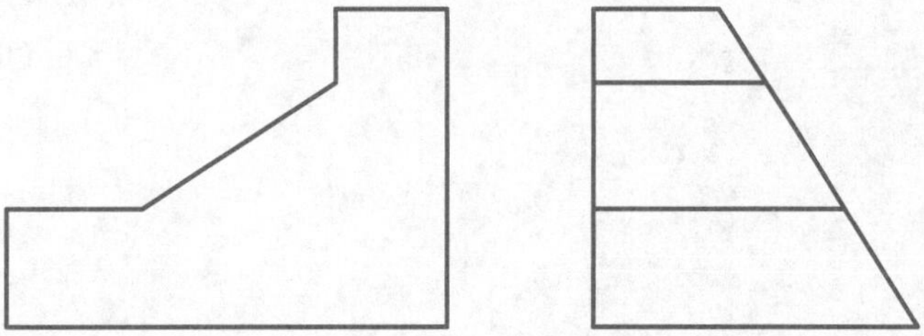

组合体读图	班级　　　　学号　　　　姓名

4-34　根据物体的两视图，画出该物体的第三视图。

(1)

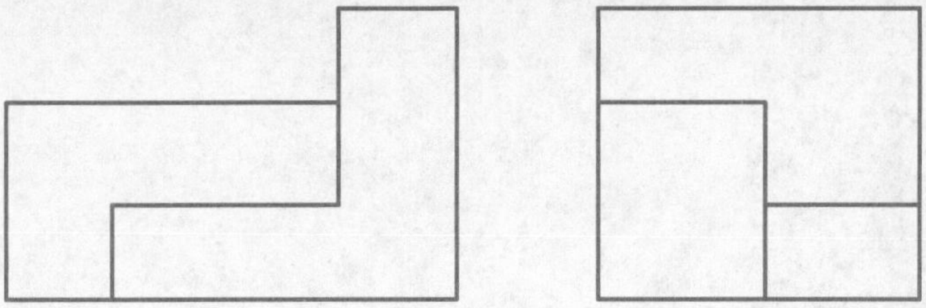

(2)

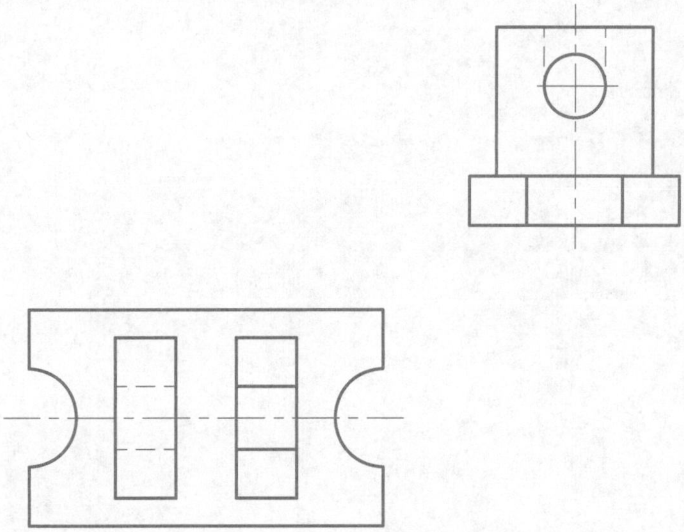

组合体读图	班级　　　　学号　　　　姓名

4-35　根据物体的两视图，画出该物体的第三视图。

(1)

(2)

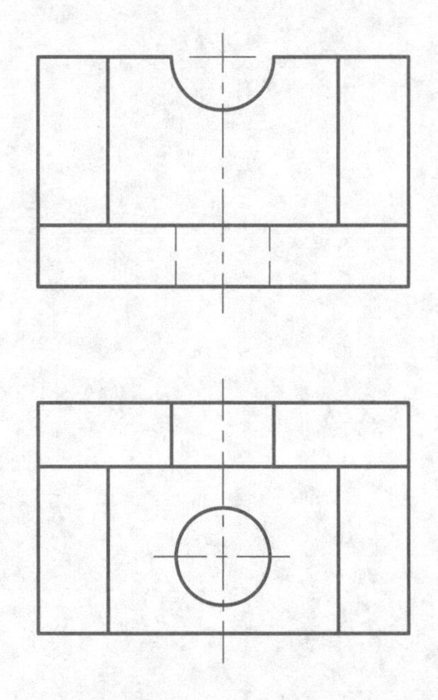

组合体读图	班级　　　　　学号　　　　　姓名

4-36　补画下列物体三视图中所缺少的图线。

(1)

(2)

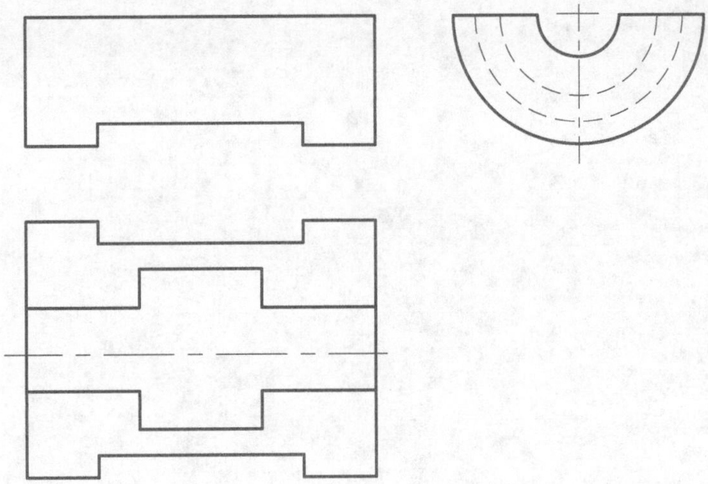

(3)

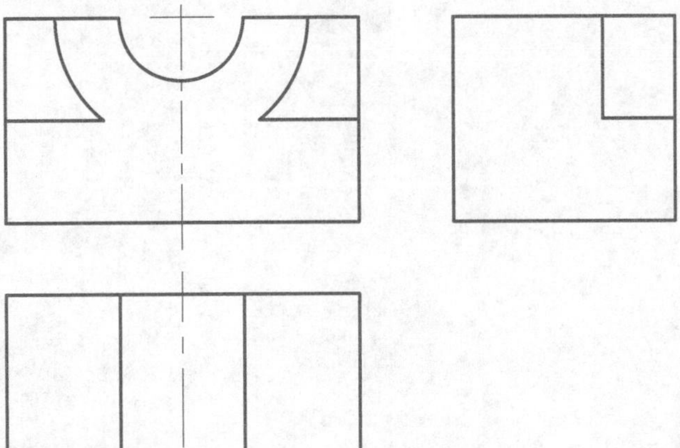

组合体读图	班级　　学号　　姓名

4-37　根据物体的两视图，画出该物体的第三视图。

(1)

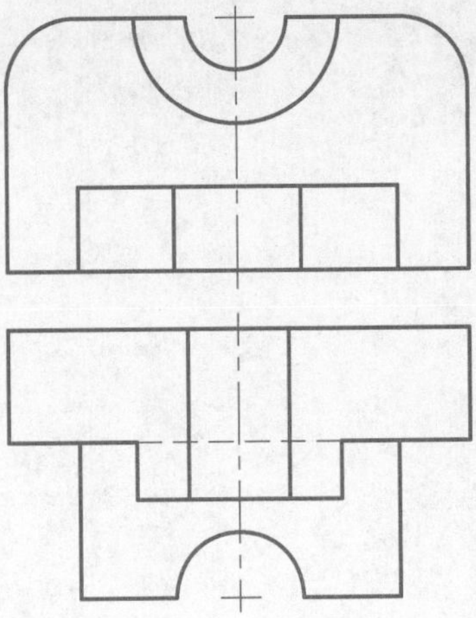

(2)

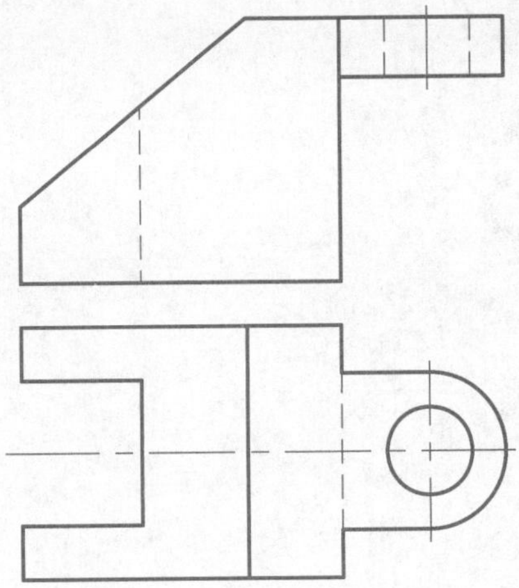

(3)

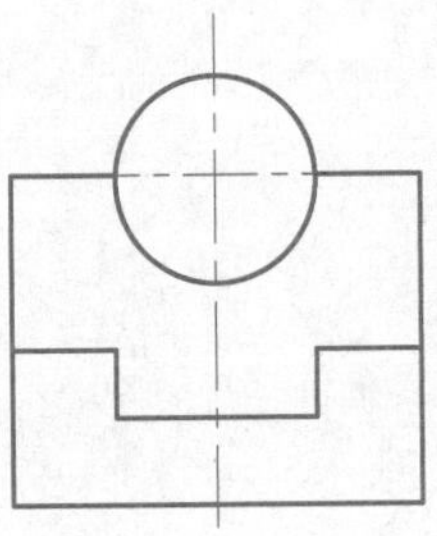

※组合体读图	班级　　　　学号　　　　姓名

4-38　根据立体的两视图画出第三个视图。

(1)

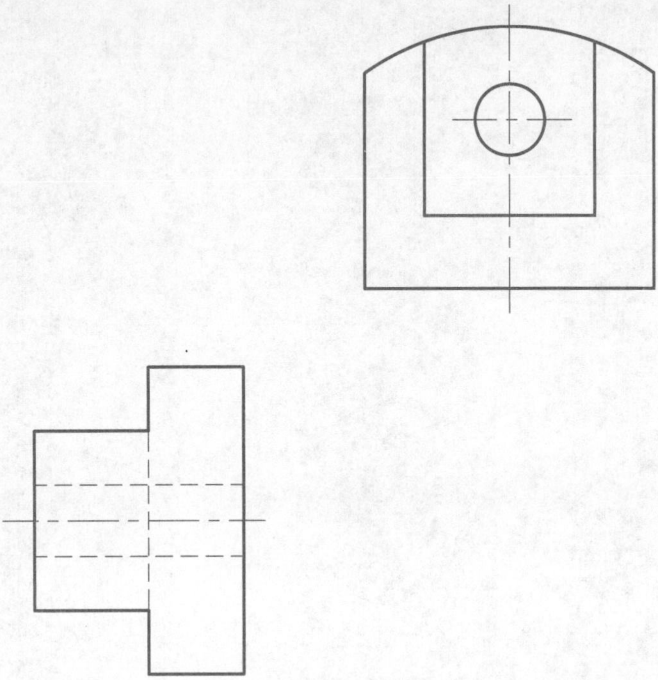

(2)

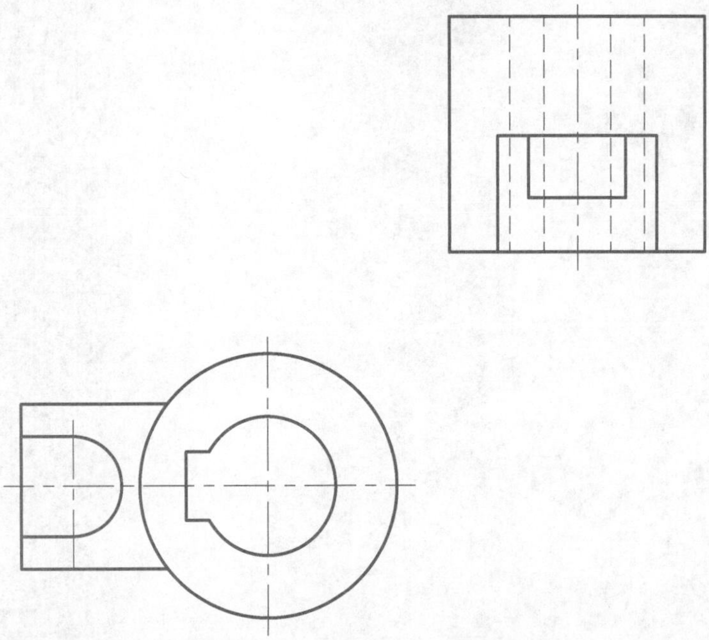

※组合体读图	班级　　　学号　　　姓名

4-39　根据立体的两视图画出第三个视图。

(1)

(2)

※组合体读图	班级　　　　学号　　　　姓名

4-40　根据立体的两视图画出第三个视图。

(1)

(2)

视图表达	班级　　　　学号　　　　姓名

5-1　根据机件的三视图，按基本视图位置配置，画全机件的六面视图。

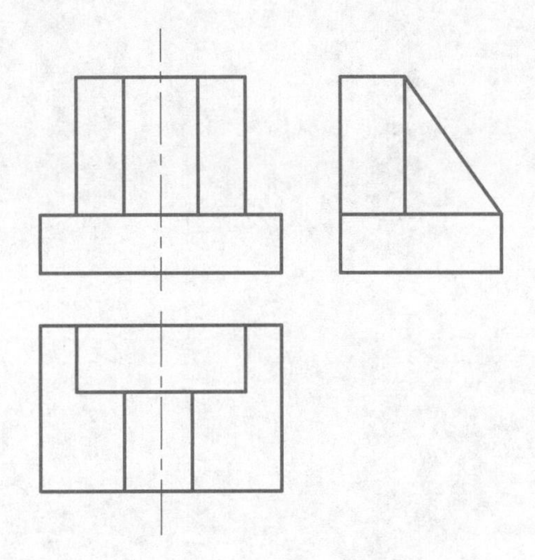

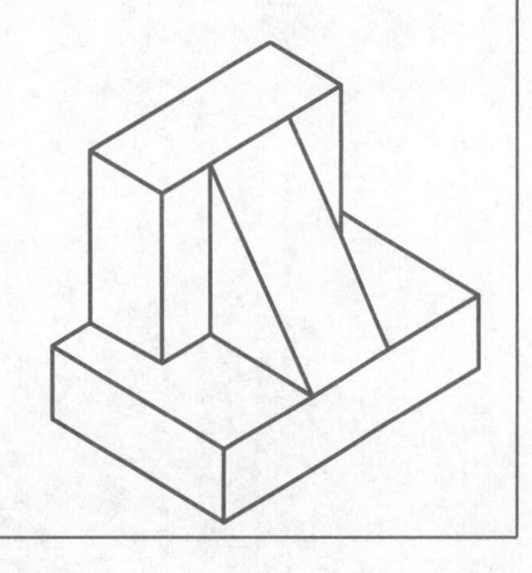

视图表达	班级　　　　　学号　　　　　姓名

5-2　画出机件的 A 向斜视图和 B 向局部视图，并按规定标注。

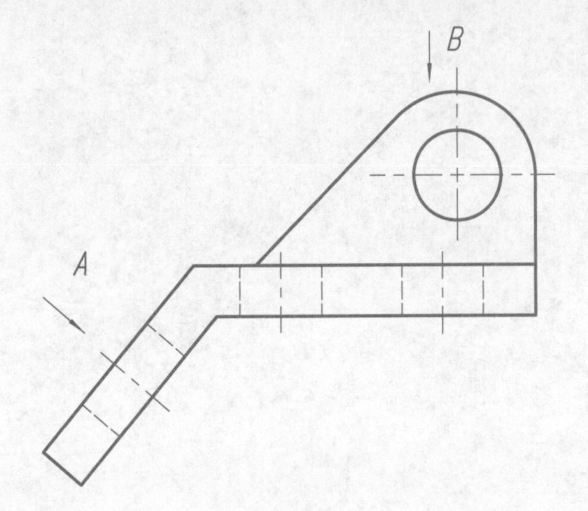

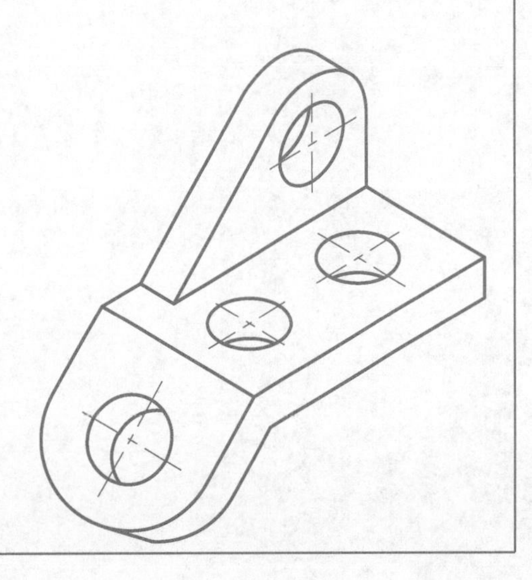

剖视表达	班级　　　学号　　　姓名

5-3　对照轴测图，补画剖视图上所缺的线。

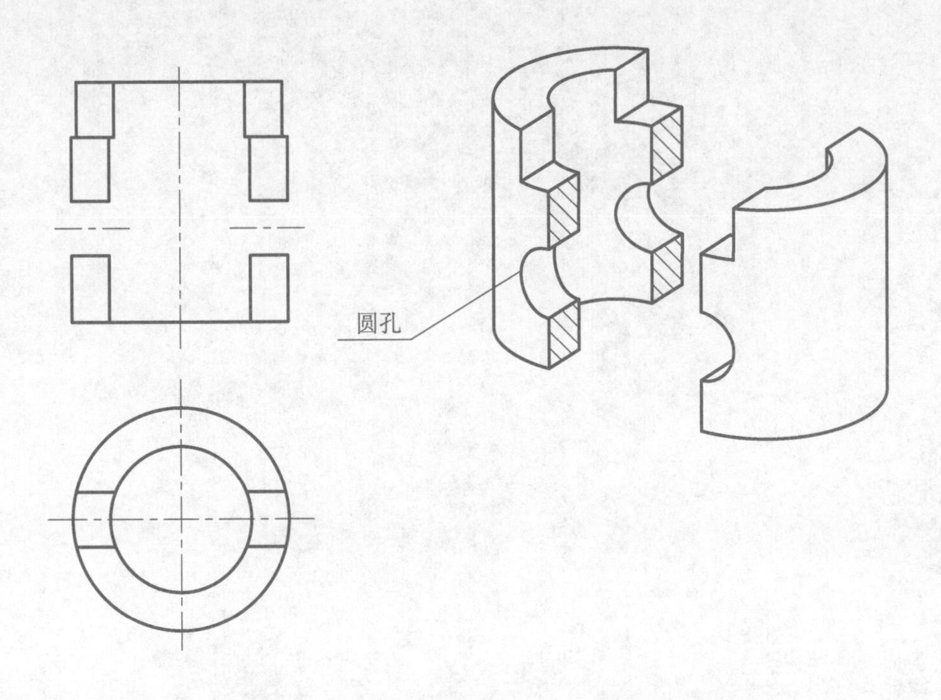

5-4　对照轴测图分析剖视图的错误，然后在指定位置将正确的图形画出来。

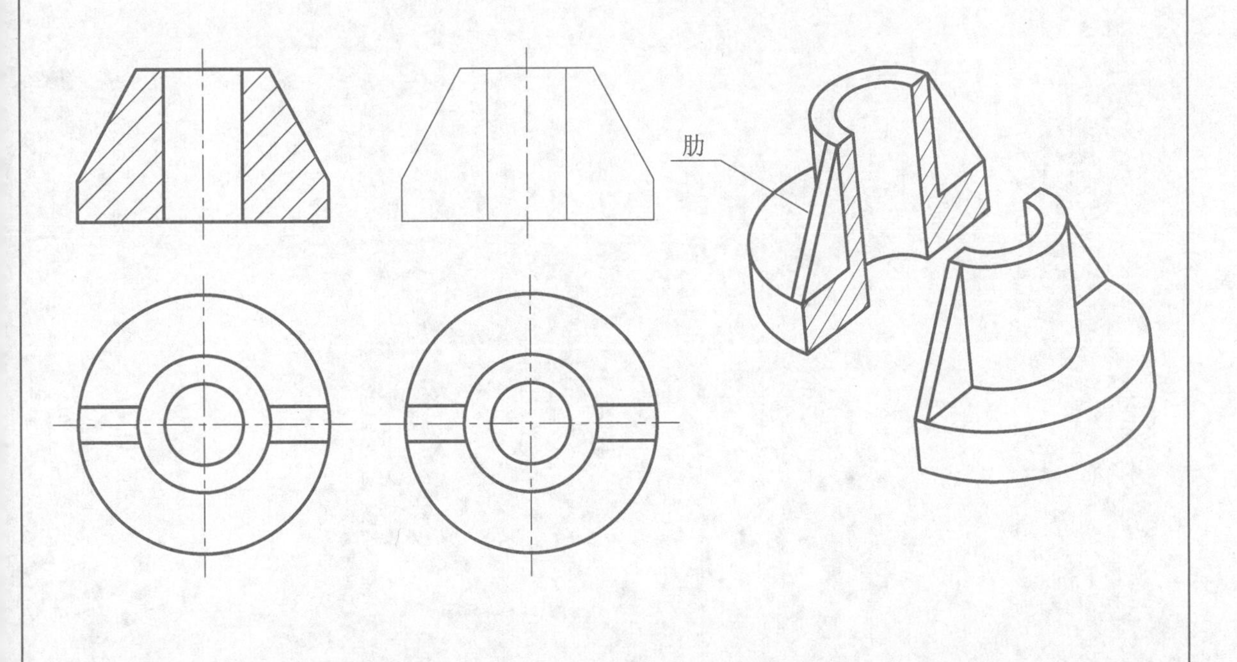

剖视表达	班级　　　　　　学号　　　　　　姓名

5-5　从轴测图看清楚物体的台阶面 A、B 和孔 C 对投影面的位置后，在剖视图上补画所缺的线。

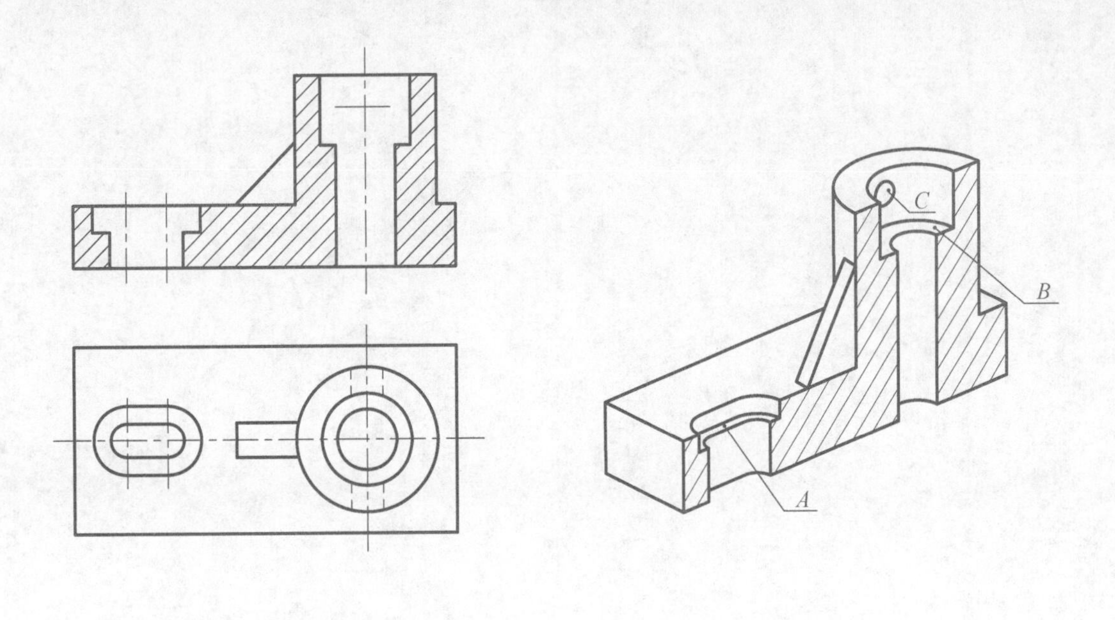

5-6　从轴测图看清楚物体的端面 A 和倒角圆 B 对投影面的位置后，在剖视图上补画所缺的线。

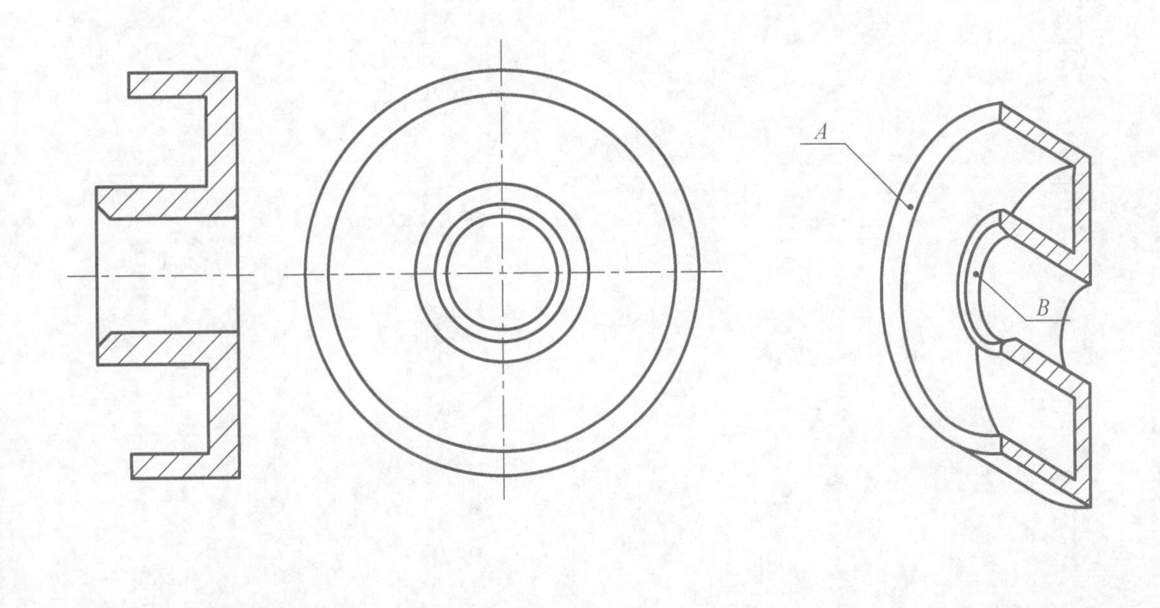

剖视表达	班级　　学号　　姓名

5-7　将全剖视表达的主视图中所缺的图线补充完整。

(1)

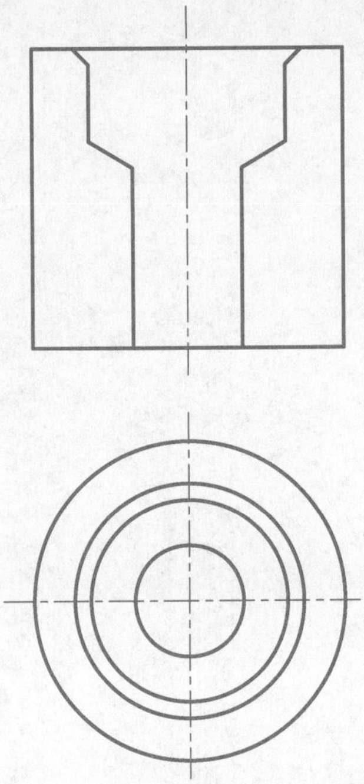

(2)

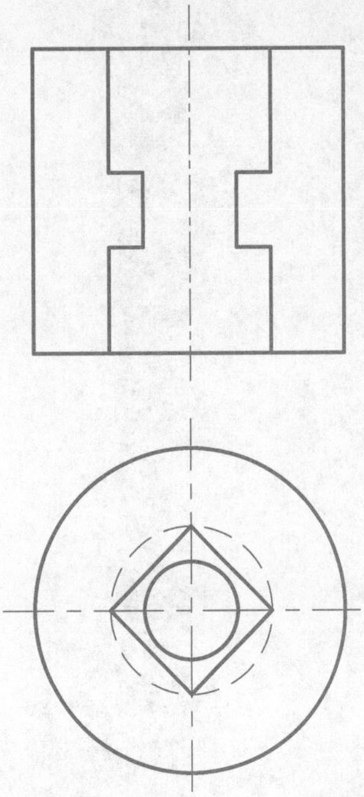

5-8　在指定位置处对主视图作全剖视。

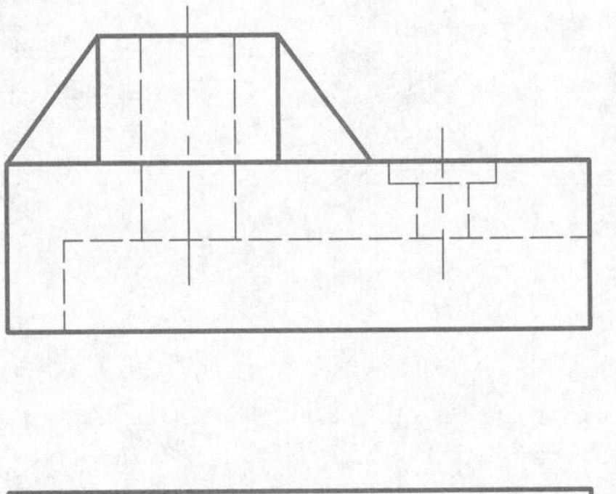

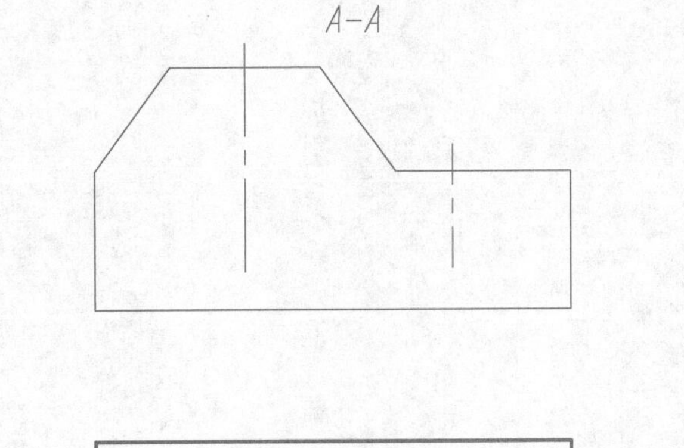

A-A

A　A

5-9 在指定位置处对主视图作全剖视表达。

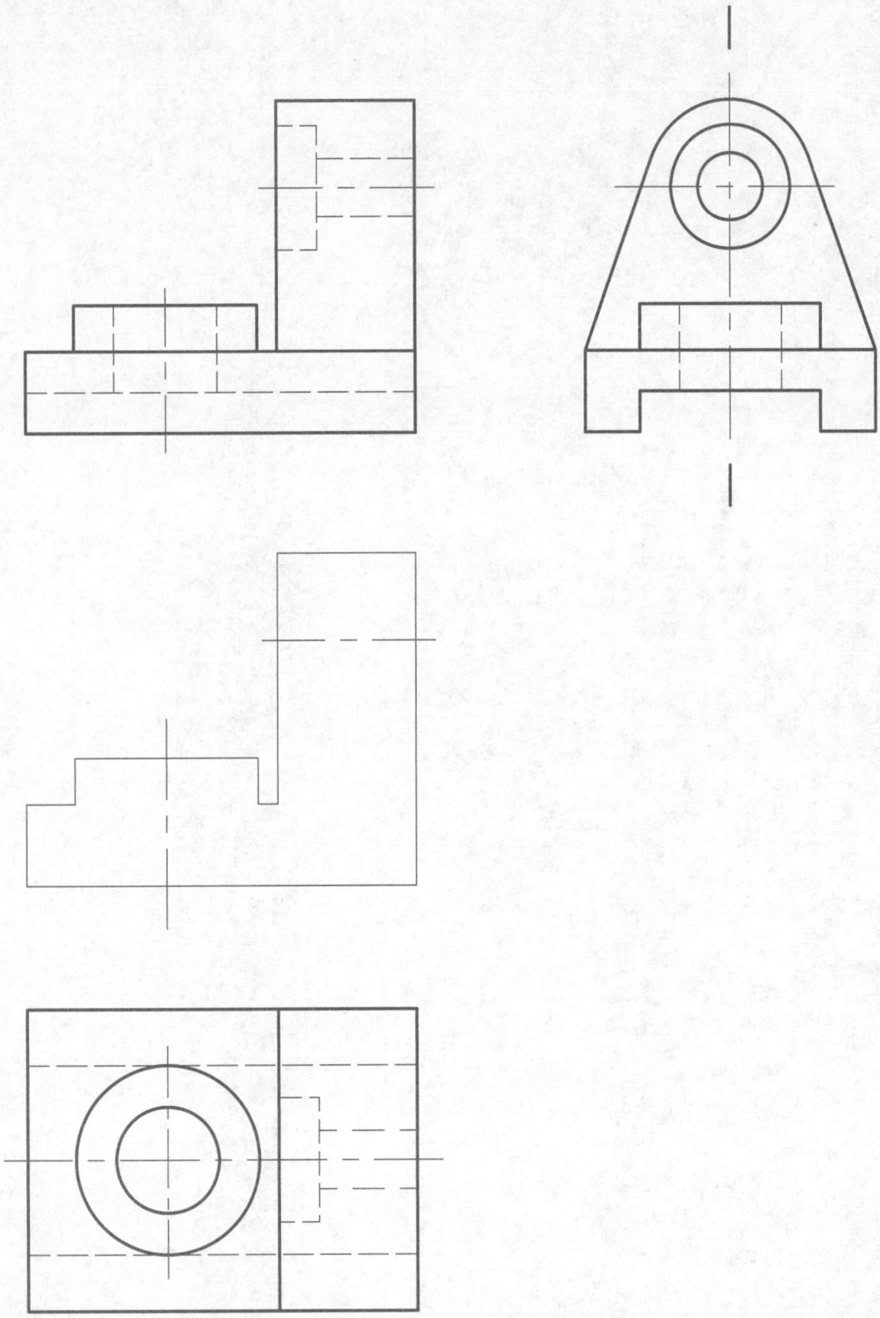

剖视表达	班级　　　学号　　　姓名

5-10　选择正确的半剖视表达的主视图，在括号内画√。

(1)

(a)　(　　)

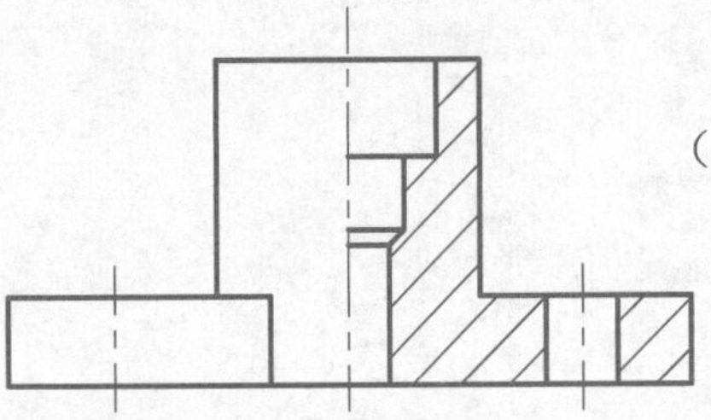

(b)　(　　)

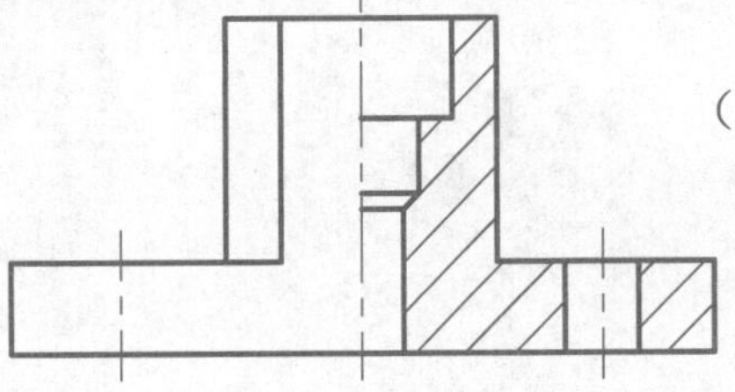

(c)　(　　)

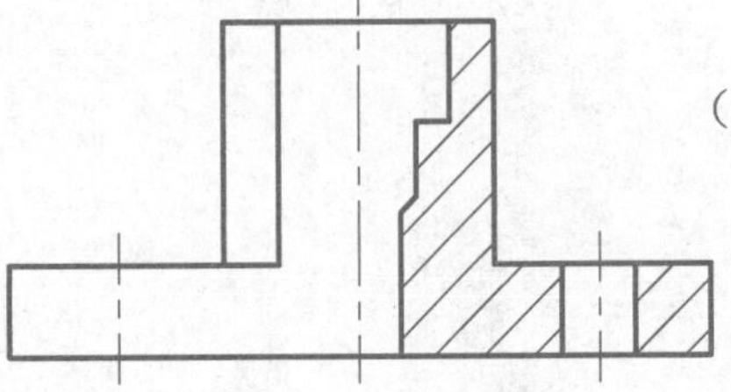

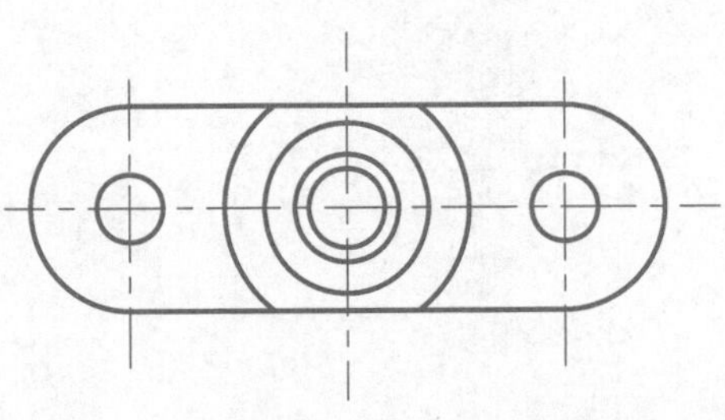

(2)

(a)　(　　)

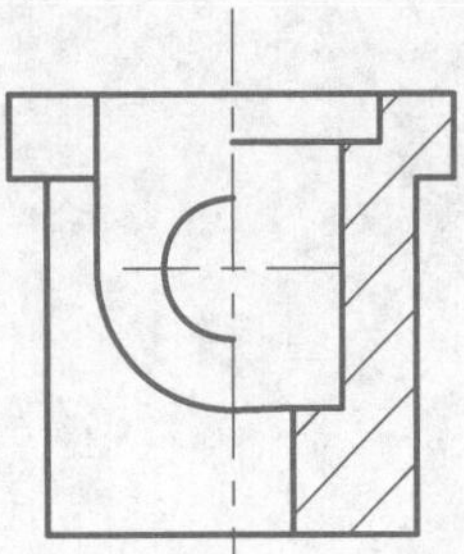

(b)　(　　)

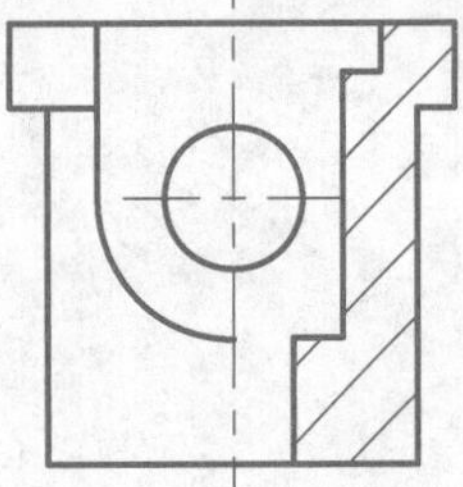

(c)　(　　)

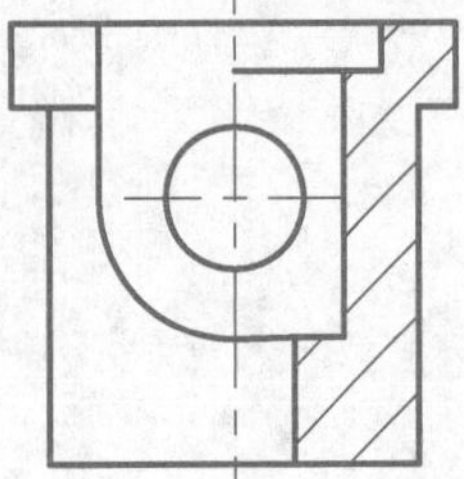

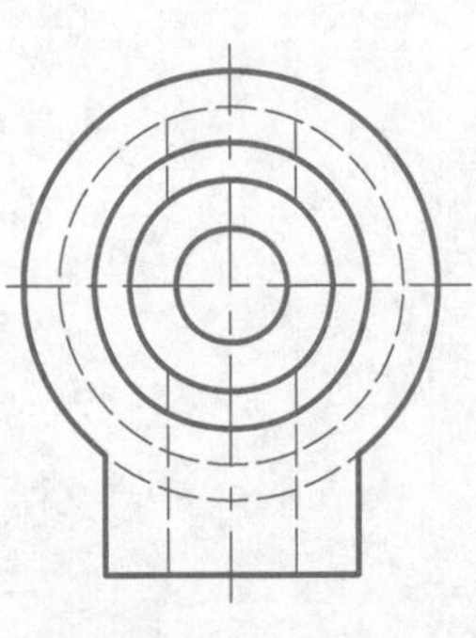

剖视表达	班级　　　　学号　　　　姓名

5-11　选择正确的半剖视表达的主视图，在括号内画√。

(a)　　（　　）

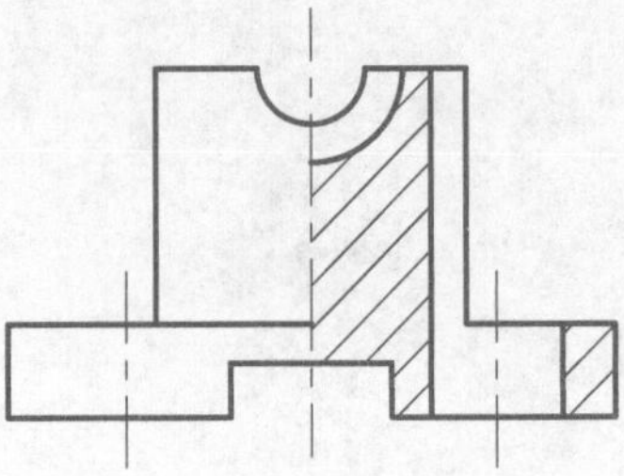

(b)　　（　　）

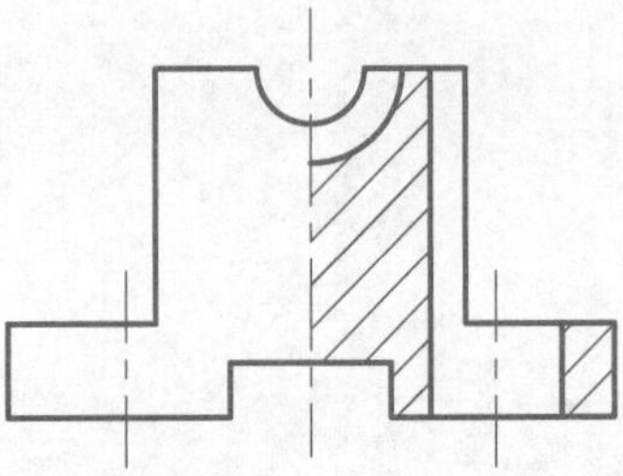

(c)　　（　　）

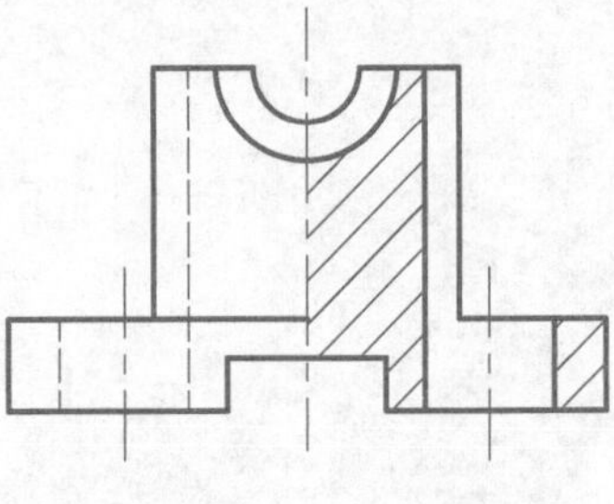

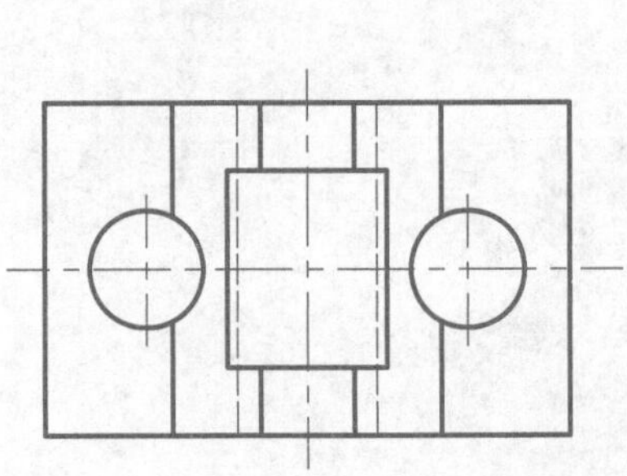

5-12　分析图中的错误，在指定位置处画出正确的局部剖视图。

（1）

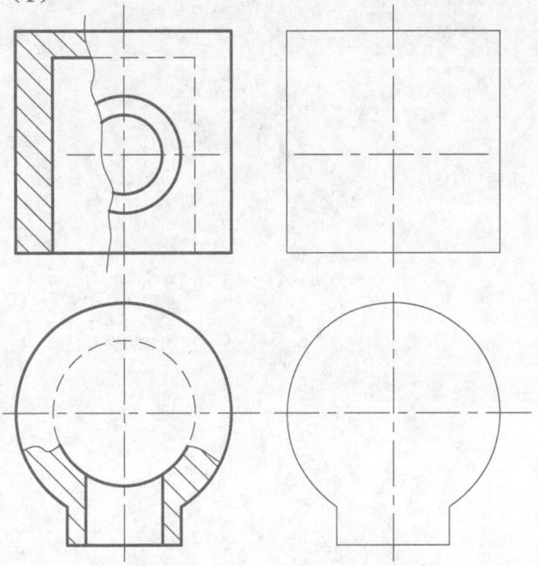

（2）

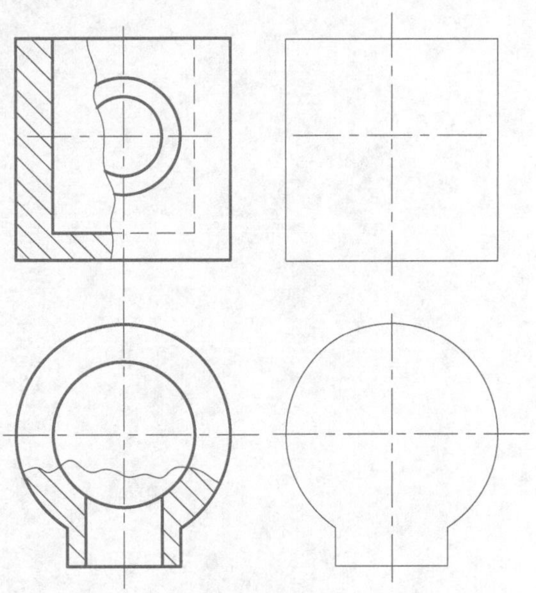

剖视表达	班级　　学号　　姓名

5-13　选择正确的局部剖视图表达的主视图，在括号内画√。

(1)

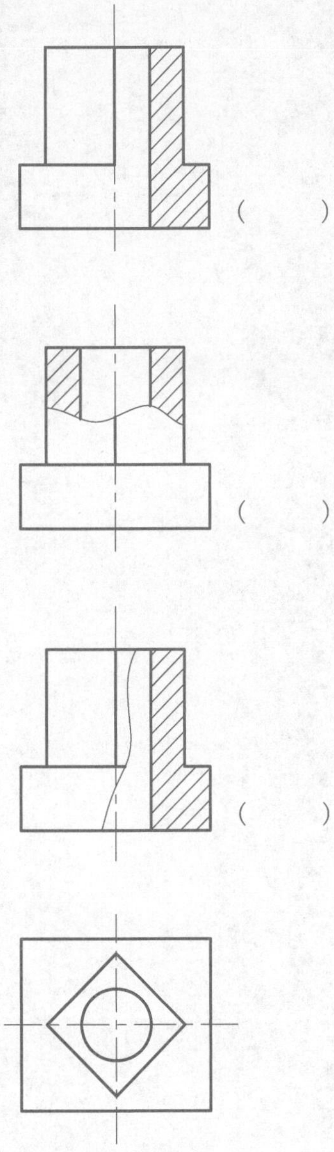

(　　)

(　　)

(　　)

(2)

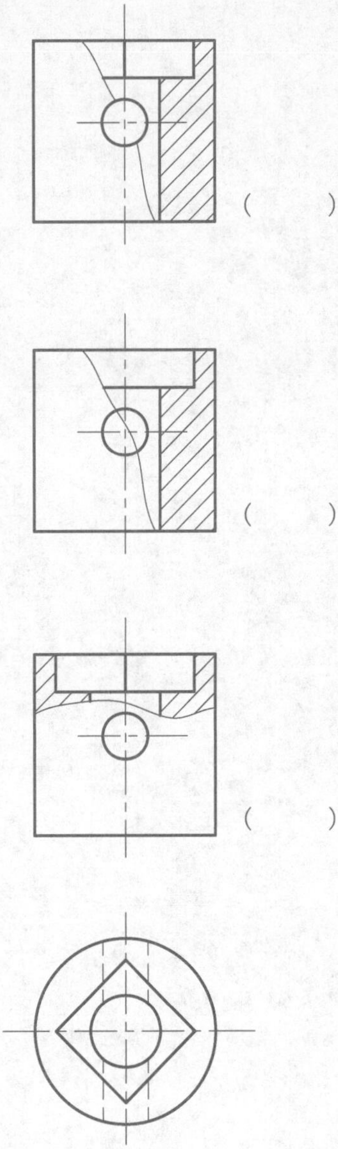

(　　)

(　　)

(　　)

(3)

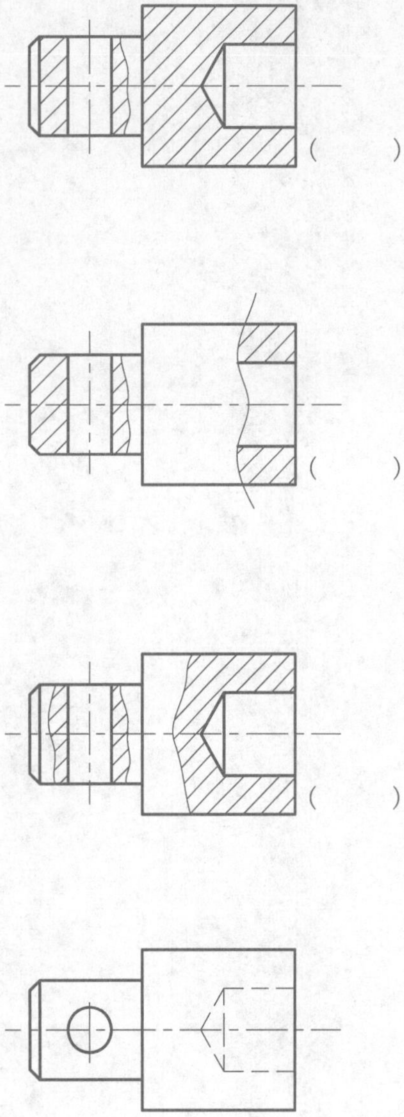

(　　)

(　　)

(　　)

断面表达	班级　　　　学号　　　　姓名

5-14　选择正确的移出断面，在括号内画√。

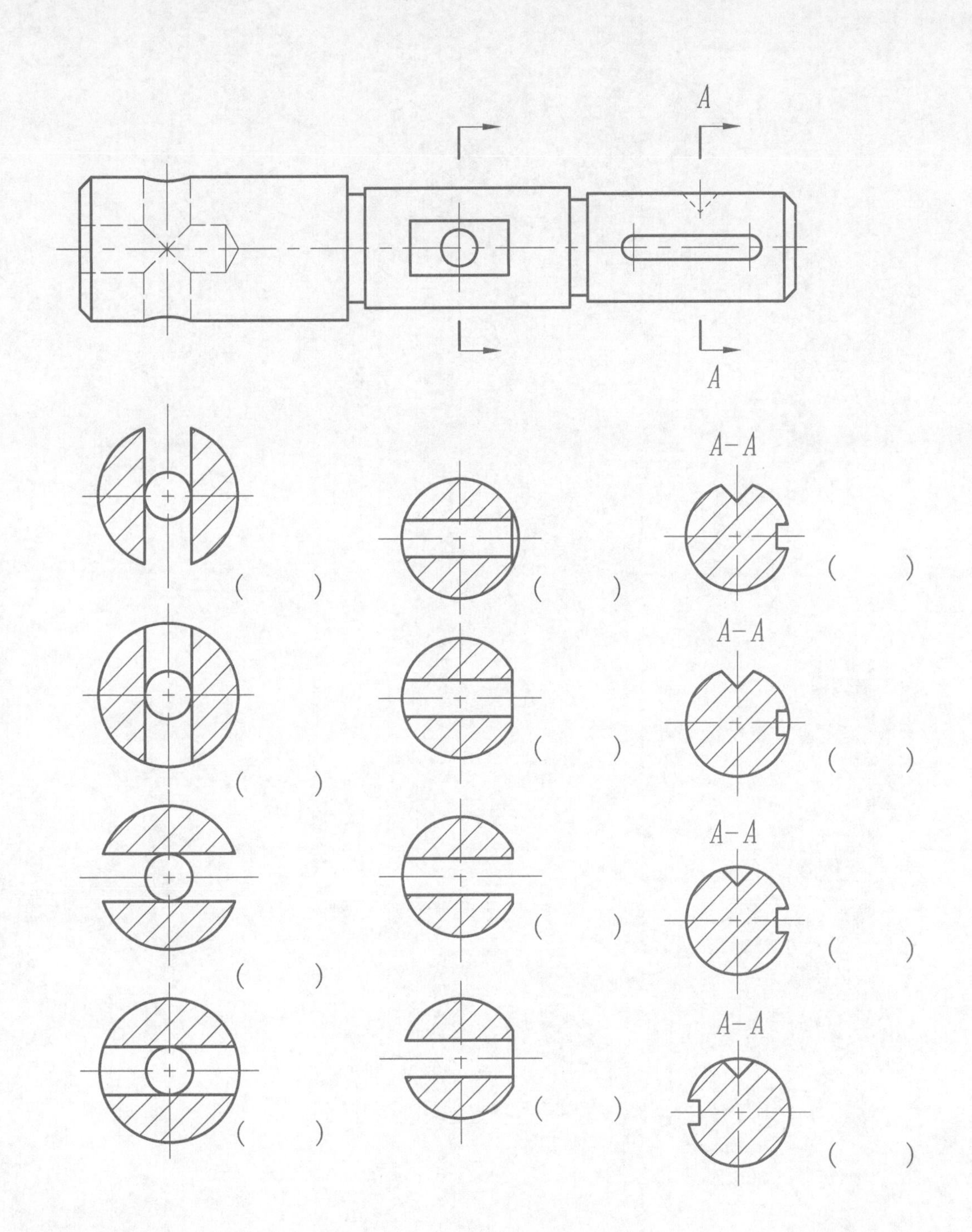

※图样表达综合练习	班级　　　　　学号　　　　　姓名

5-15　在指定位置将主视图画成半剖视图，并补画全剖视的左视图（画出一种即可）。

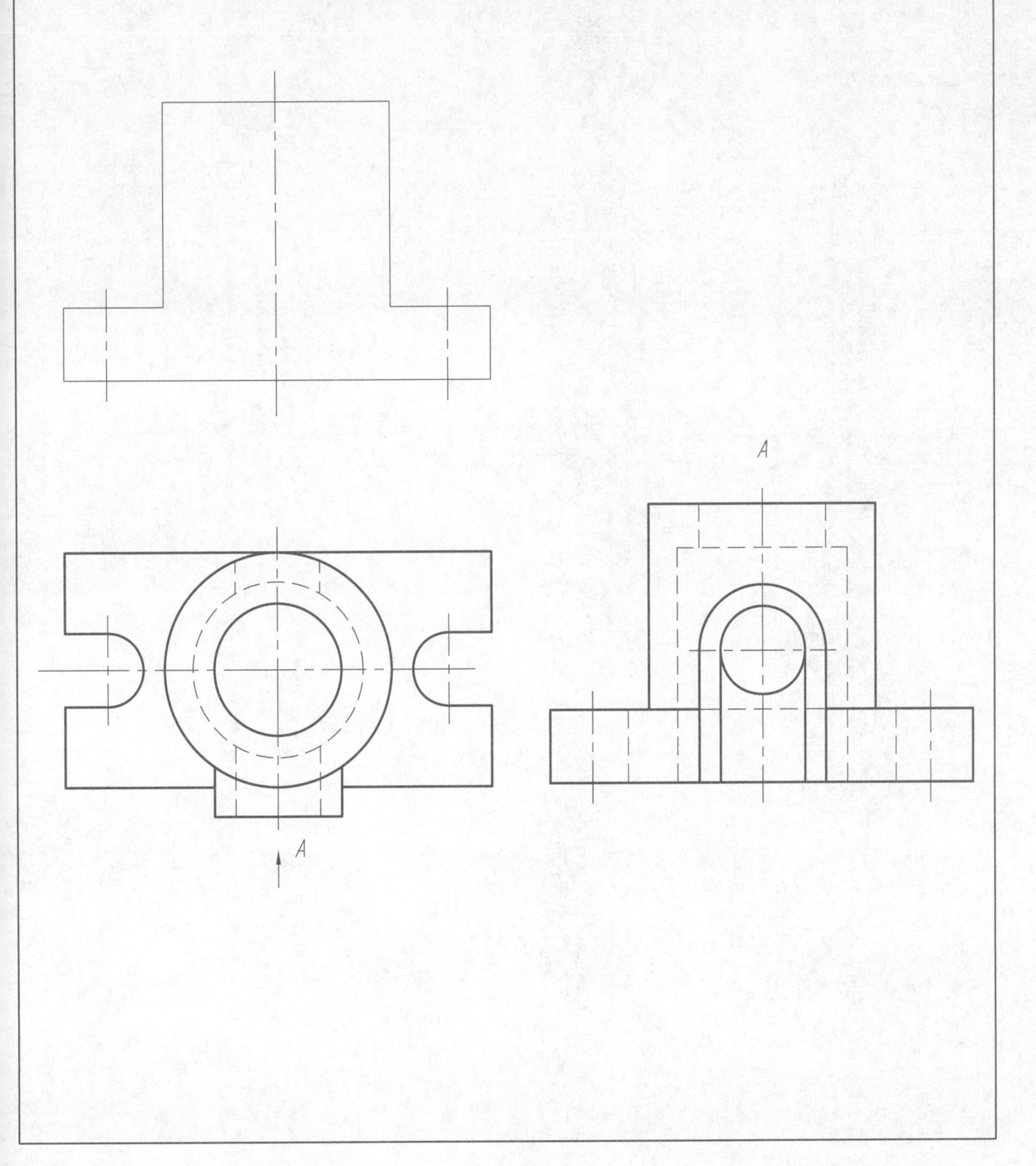

螺纹及螺纹连接	班级　　　　学号　　　　姓名

5-16　在下面螺纹表达画法图中，选择正确的图，并在括号内画√。

(1)

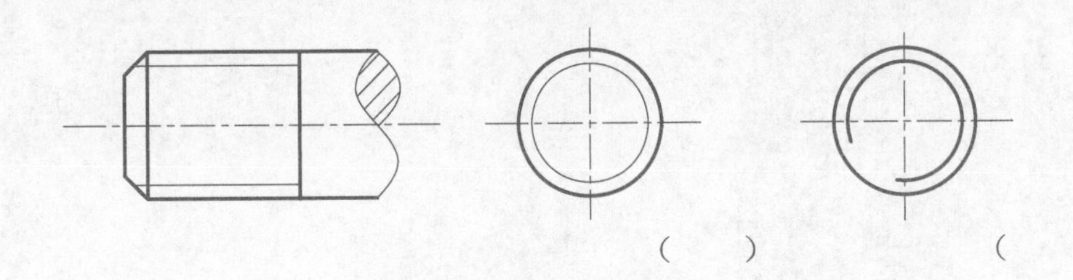

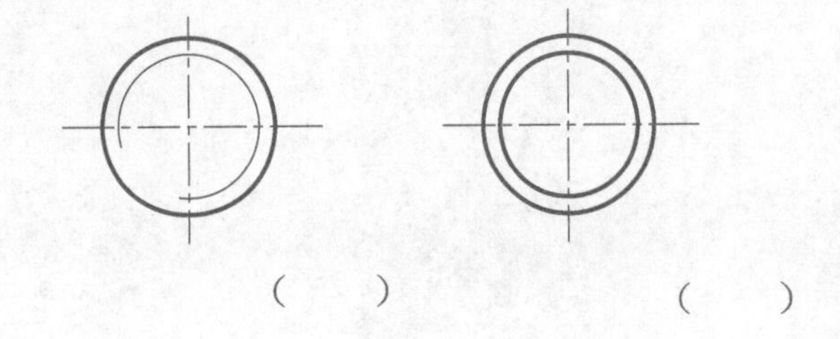

(2)

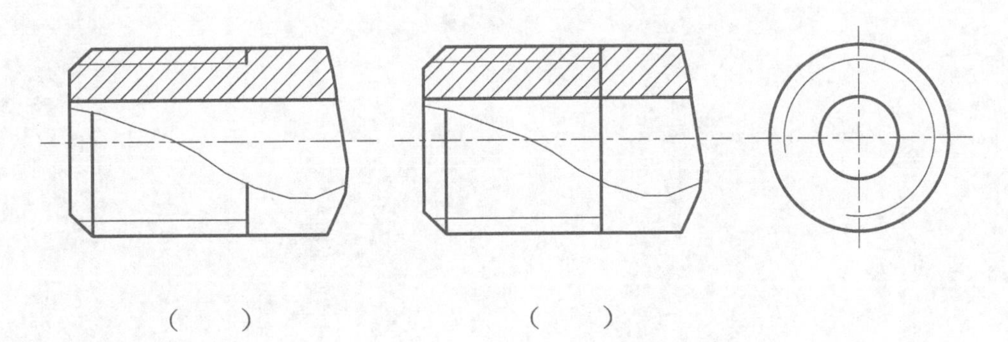

螺纹及螺纹连接	班级　　　　学号　　　　姓名

5-17　在下面螺纹表达画法图中，选择正确的图，并在括号内画√。

(1)

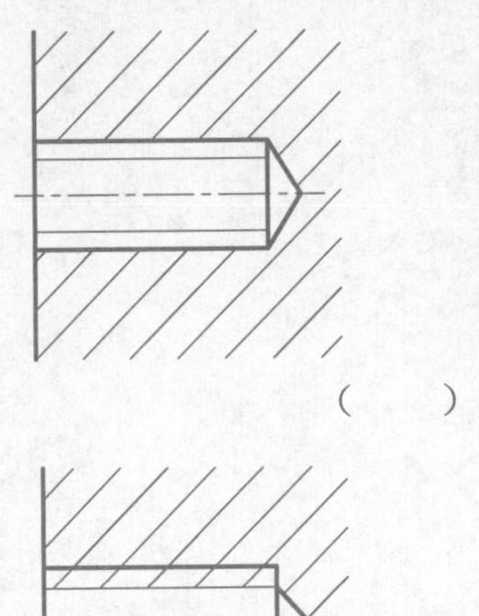

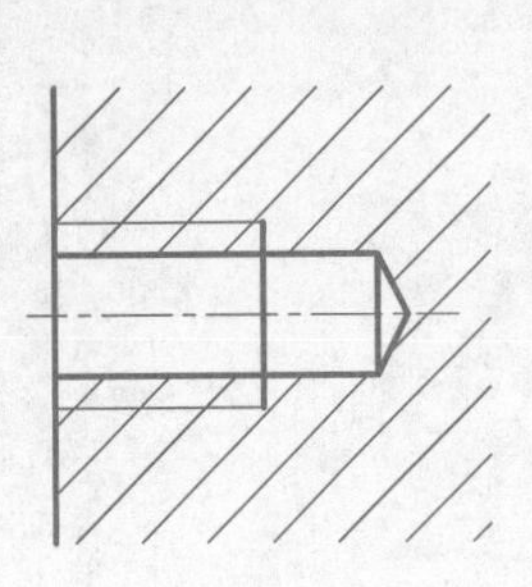

(　　)　　(　　)

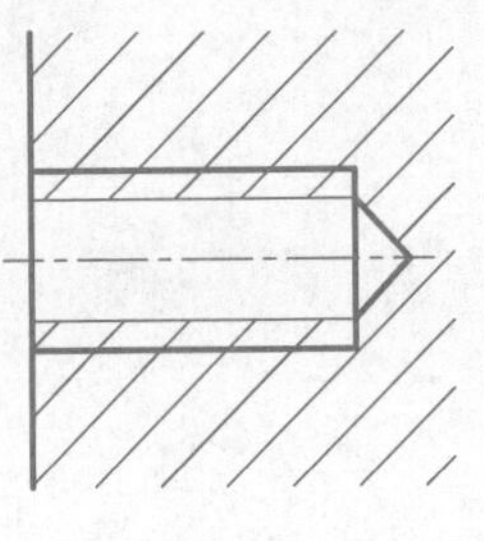

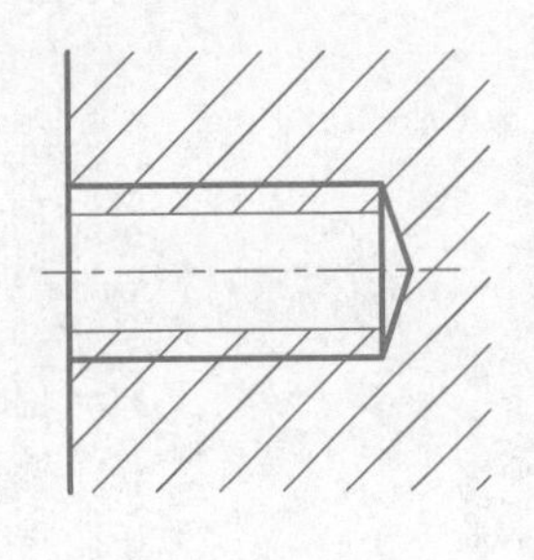

(　　)　　(　　)

(2)

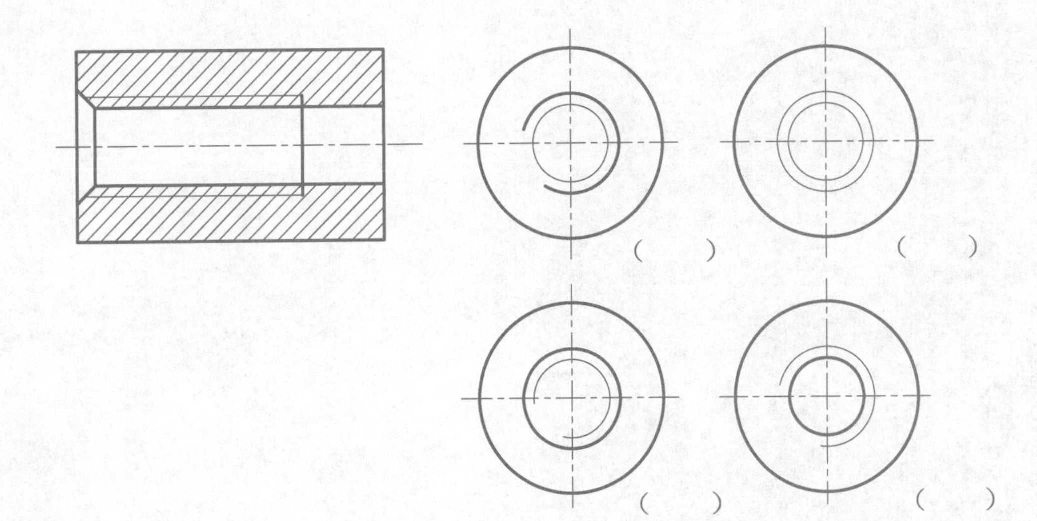

(　　)　(　　)

(　　)　(　　)

螺纹及螺纹连接	班级　　　学号　　　姓名

5-18　选择下列螺纹连接画法中正确的图形，并在括号内画√。

(1)

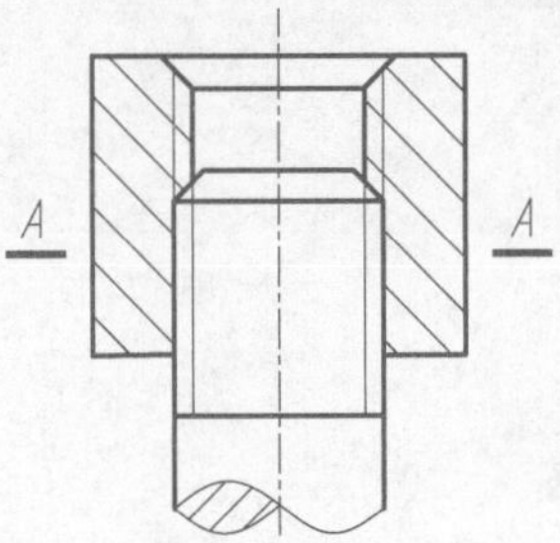

A　A

A-A

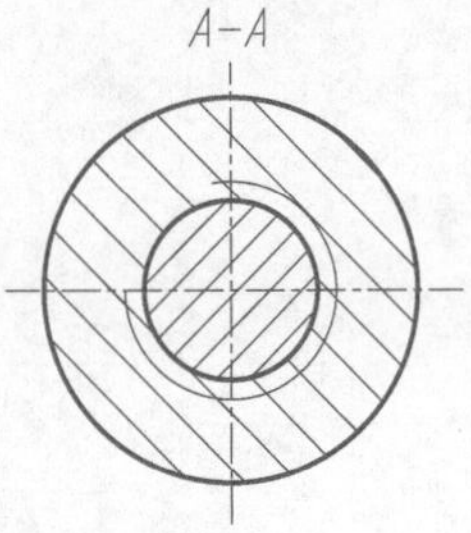

(　　)

A-A

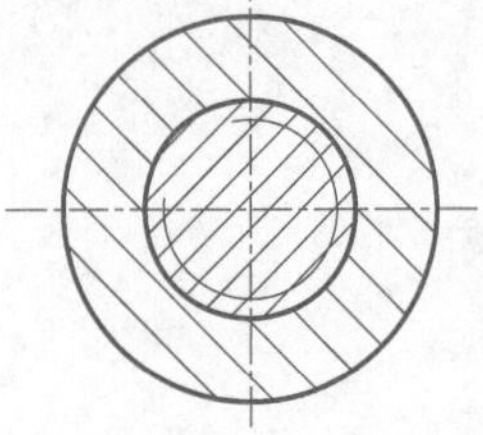

(　　)

A-A

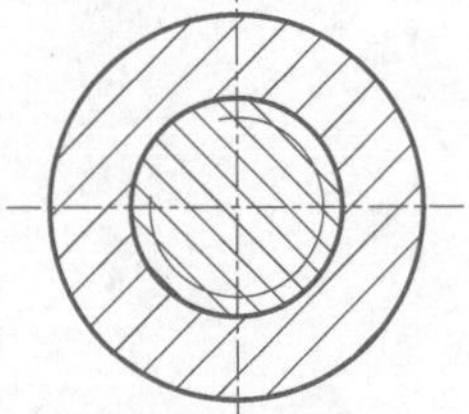

(　　)

A-A

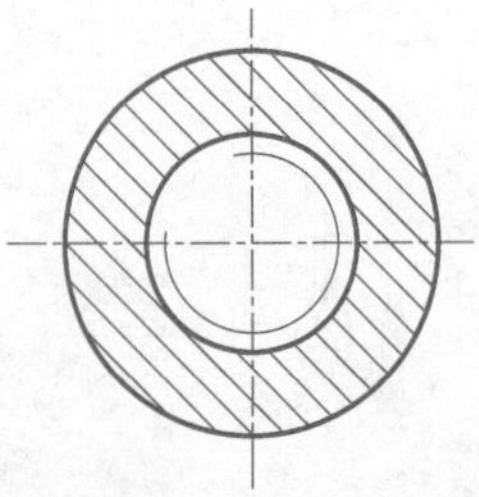

(　　)

(2)

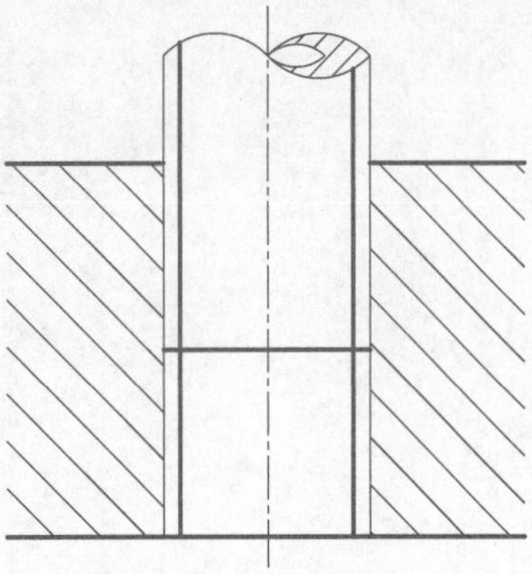

(　　)

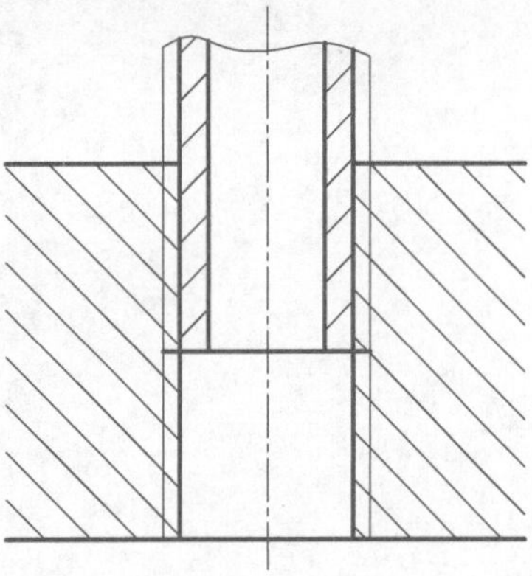

(　　)

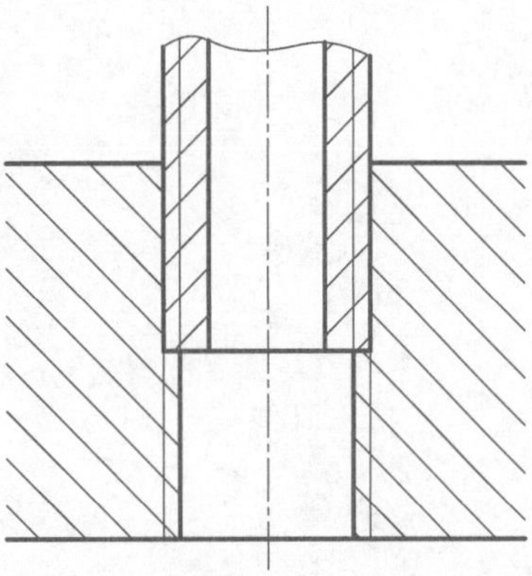

(　　)

螺纹及螺纹连接	班级　　　学号　　　姓名

5-19　完成下列螺纹连接件的连接画法。

螺栓连接

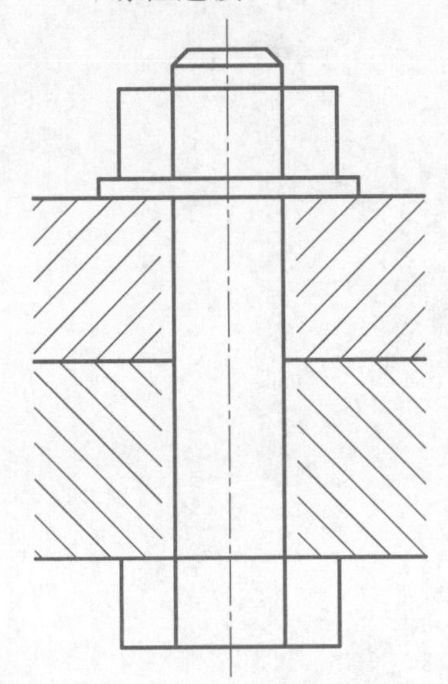

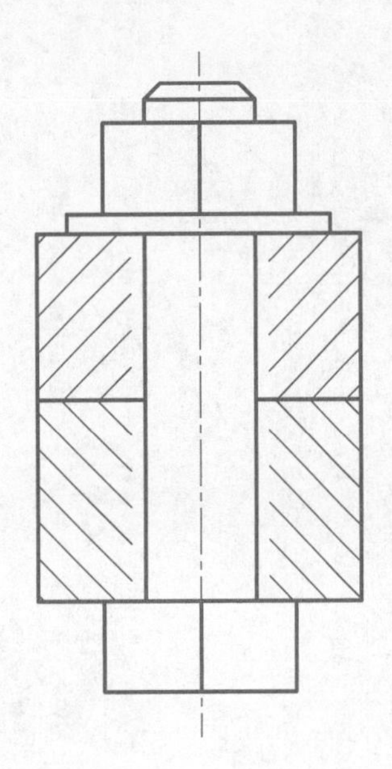

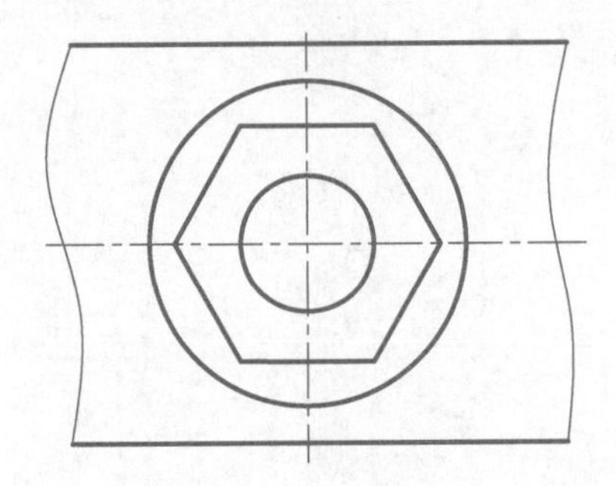

螺纹及螺纹连接	班级　　　　学号　　　　姓名

5-20　完成下列螺纹连接件的连接画法。

开槽盘头螺钉连接

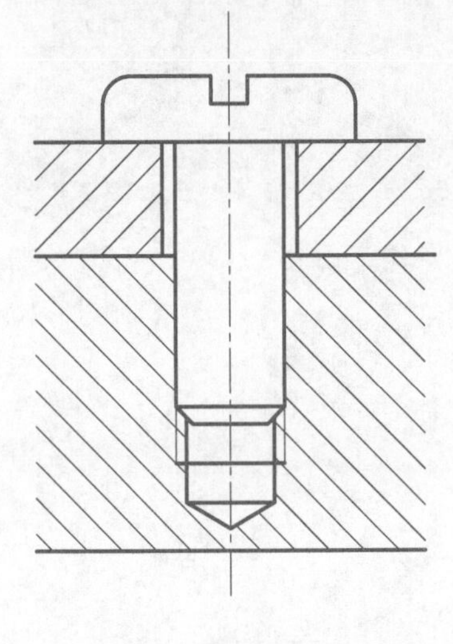

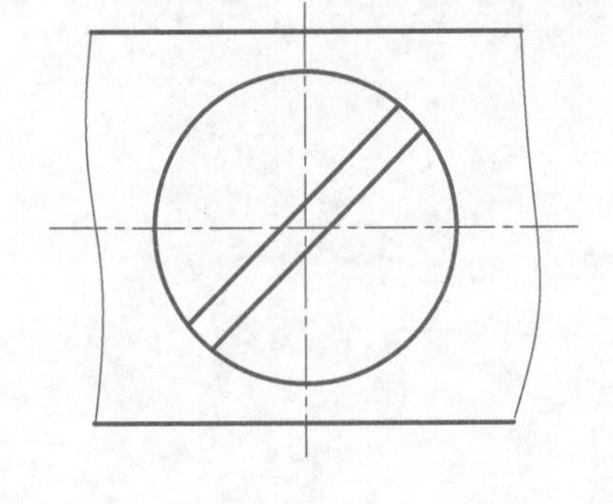

螺纹及螺纹连接	班级　　　　学号　　　　姓名

5-21　完成下列螺纹连接件的连接画法。

螺柱连接

螺柱 GB/898—1988—M16×40

螺母 GB/6170—2000—M16

垫圈 GB/97.1—2002—16

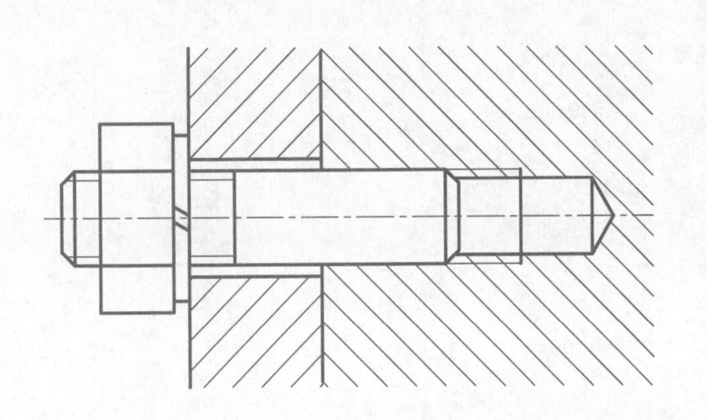

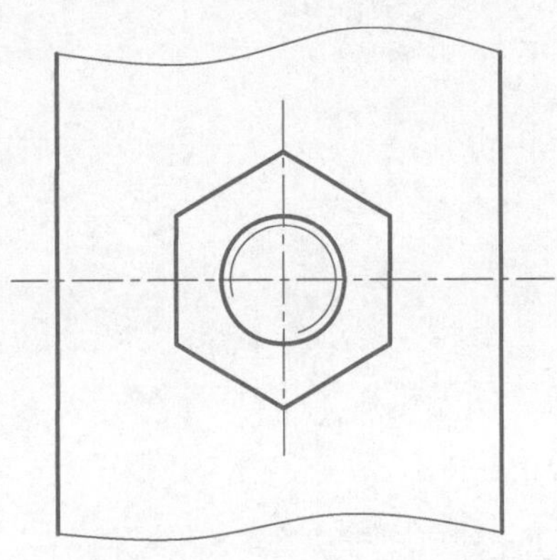

齿轮	班级	学号	姓名

5-22 计算一直齿圆柱齿轮轮齿部分的尺寸，并完成齿轮零件图（包括注全尺寸及表面粗糙度），已知 $m=4$，$z=19$，倒角 2×45°。

m	4
z	19
α	20°
精度等级	7

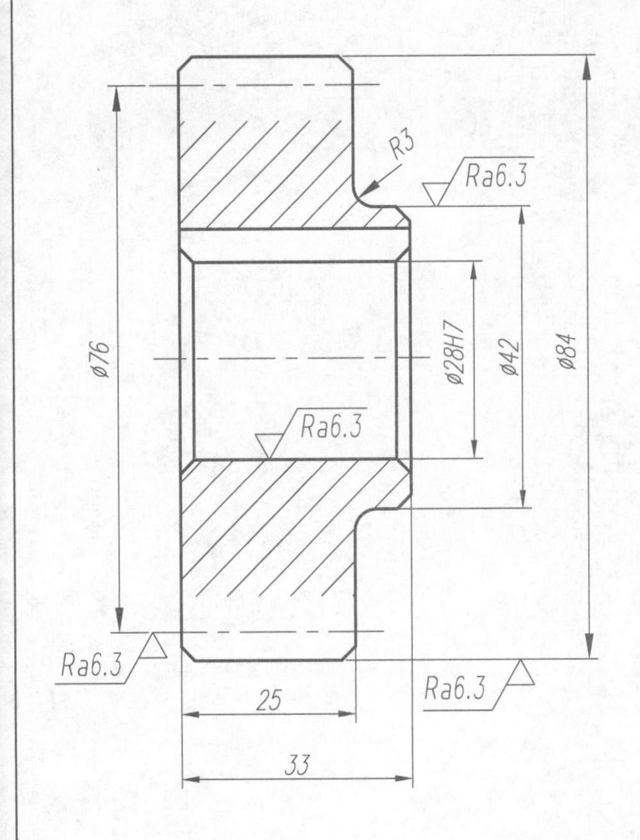

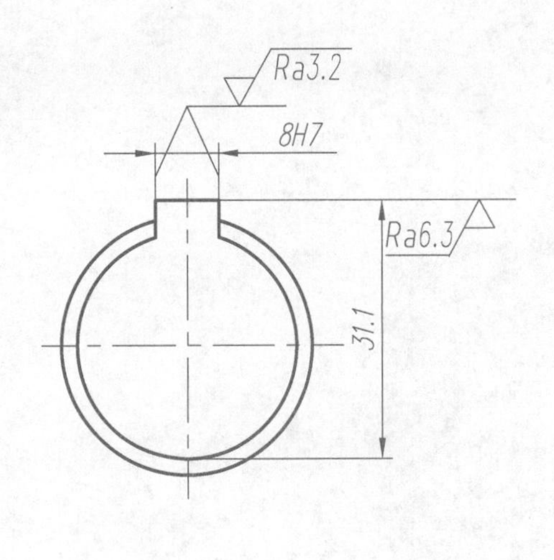

Ra12.5 （√）

设计			齿轮	比例	
绘图				材料	
南京航空航天大学				数量	

齿轮	班级　　　　　学号　　　　　姓名

5-23　计算一对直齿圆柱齿轮（$m=2$，$z_1=18$，$z_2=36$）各部分的尺寸，并绘出啮合图。

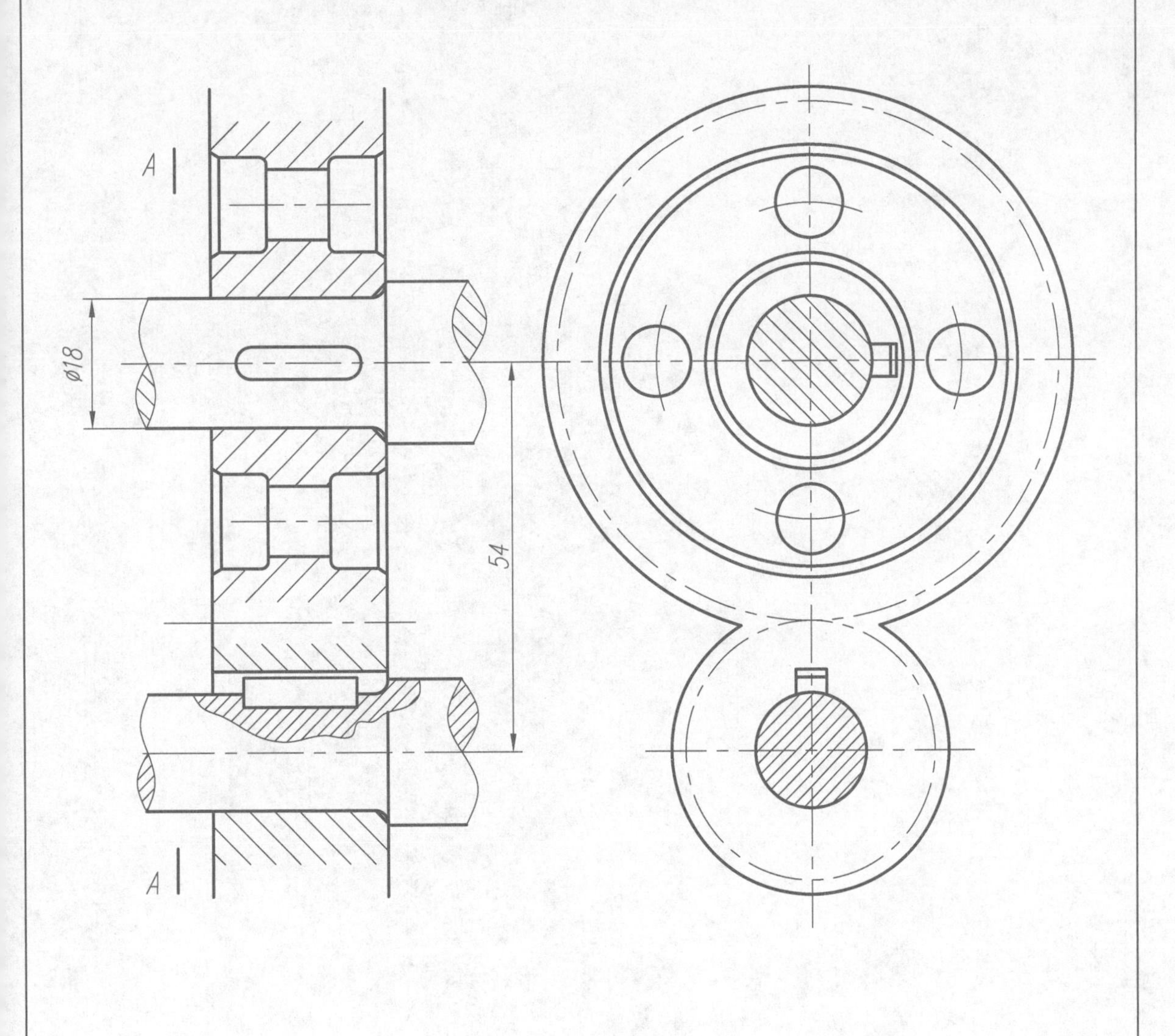

读零件图　　班级　　学号　　姓名

6-1　看懂零件图，并画出 A 向视图。

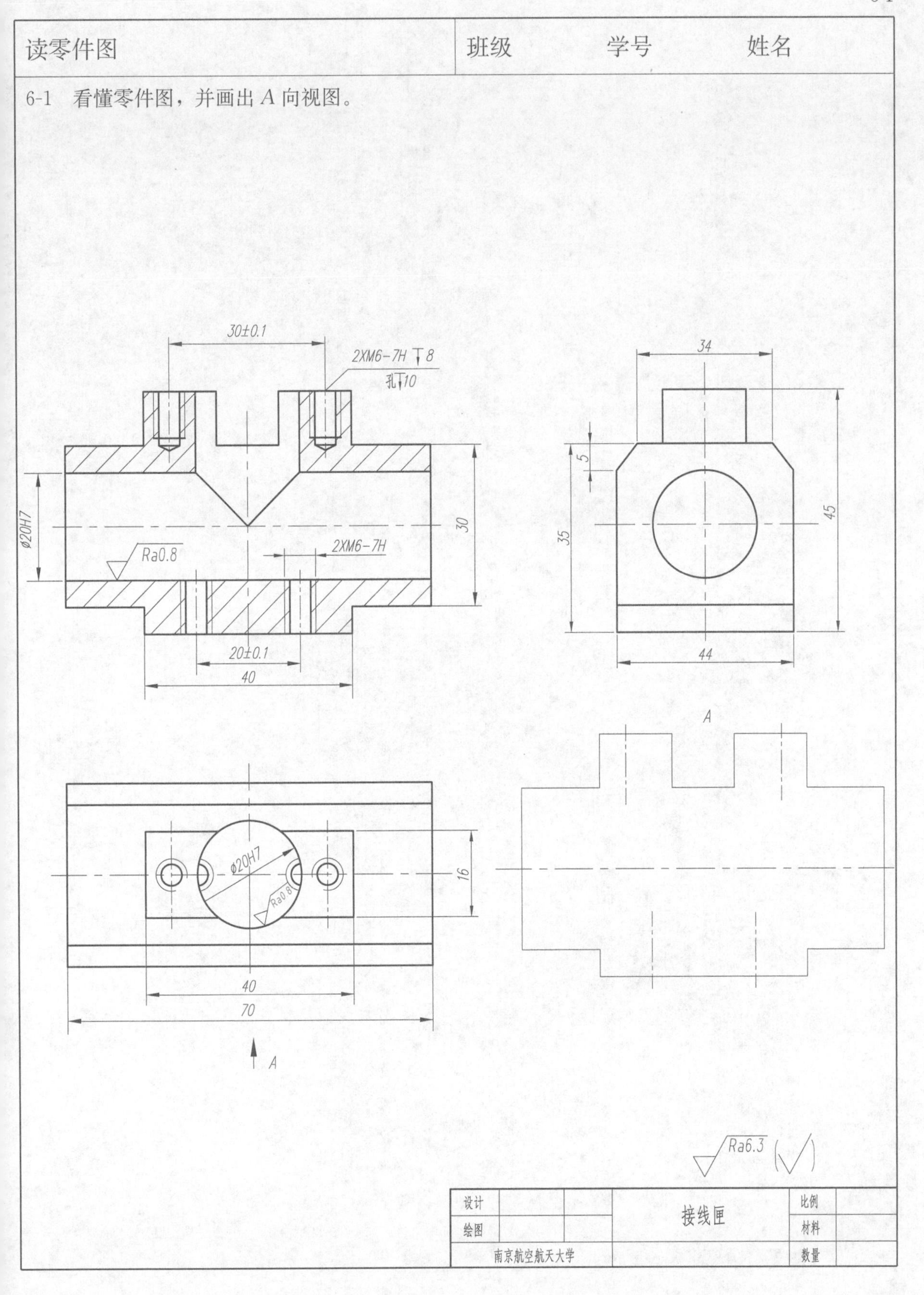

读零件图　　班级　　学号　　姓名

6-2　看懂端盖零件图，并画出右视图。

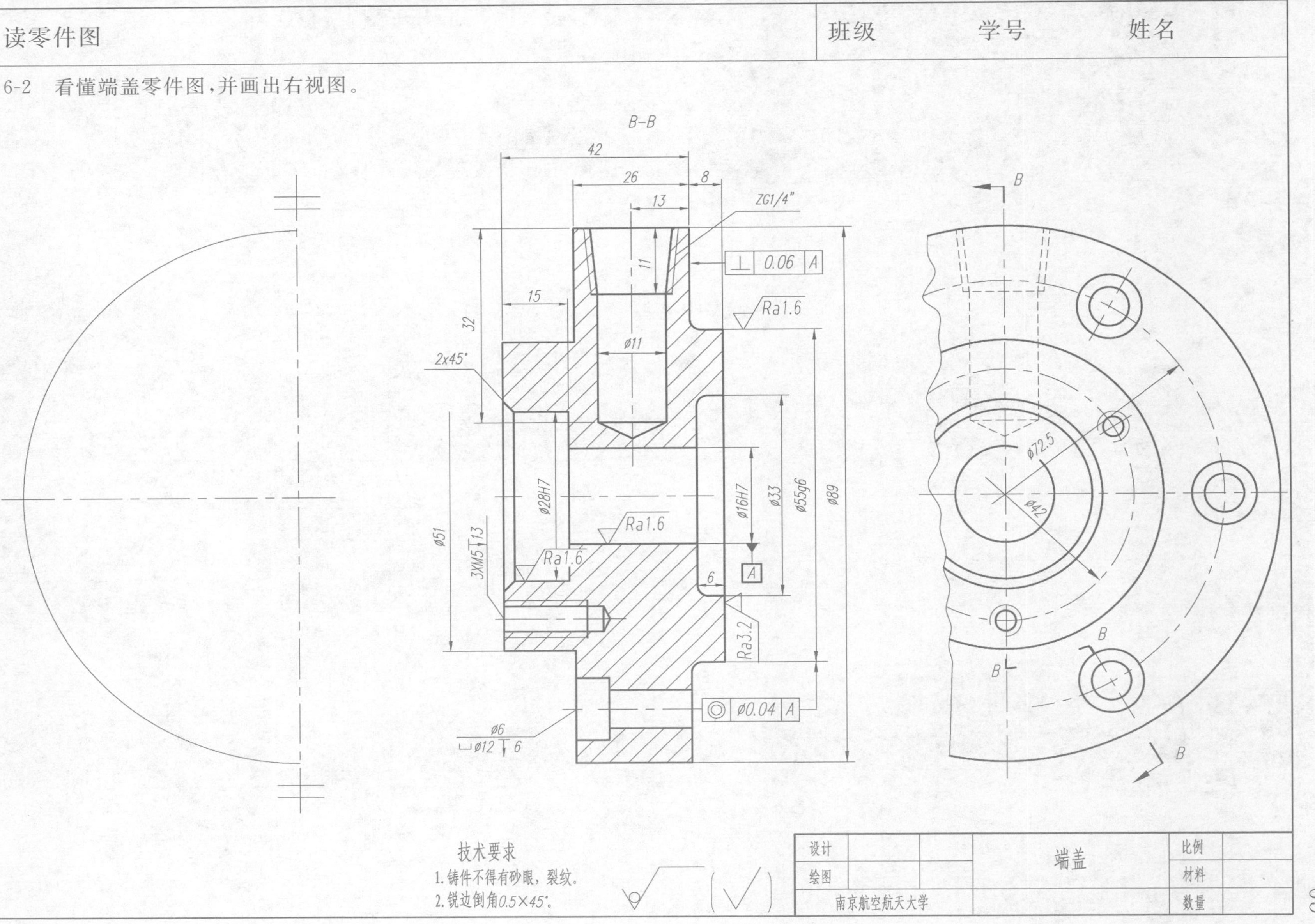

6-3　看懂角座零件图，并画出 E 向斜视图。

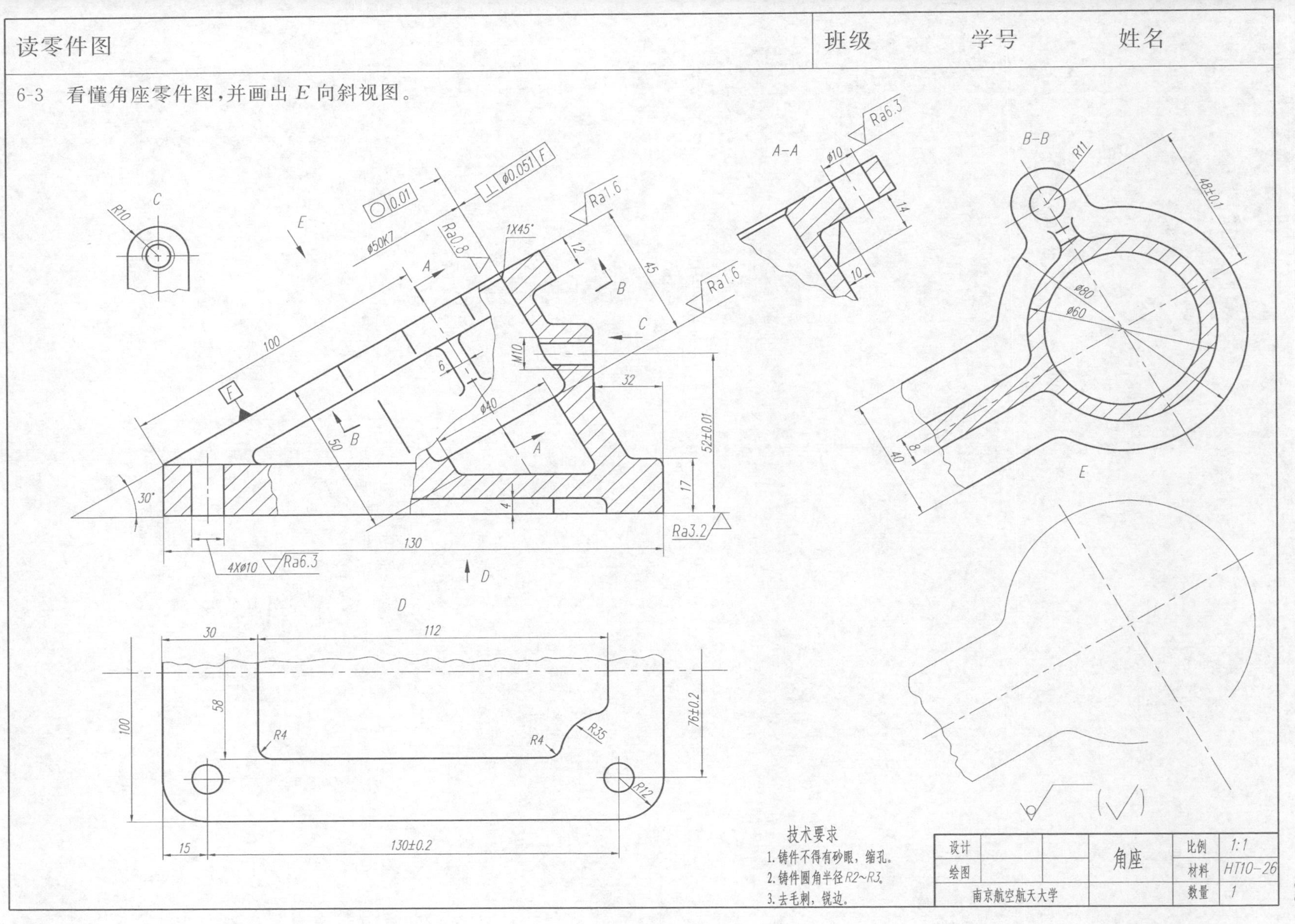

读装配图	班级　　　　学号　　　　姓名

作业指示：

1. 分析部件的表达方法。

2. 根据说明，弄懂部件的用途、工作原理、各零件间的装配关系和零件的主要结构、形状，并按要求回答有关问题。

3. 根据装配图，拆画规定零件的草图。

6-4　看压板（第 68 页）的装配图，并拆画有关零件。

1. 工作原理：

压板的用途是将加工的零件压紧以便进行加工。使用时，通过安装板 7 的四个安装孔将压板固定好。安装板内装有套筒 5，套筒内有滑块 1，滑块里面装内六角螺母 4，螺母拧在螺柱 9 上，旋进螺母的时候，滑块向右移动，钳口铁 2 将零件压住，这时弹簧 6 受压缩。旋出螺母时，弹簧立即将滑块向外推出，从而将零件松开。为了将套筒固定在安装板上不使它转动，故采用了骑缝螺钉 8。同样，为了防止螺柱在套筒内松动，也加了骑缝螺钉。

2. 根据压板装配图（第 68 页）回答下列问题：

(1) 套筒 5 左边的形状是什么样的？为什么设计成这种形状，有何好处？

(2) 滑块 1 与套筒 5 的配合尺寸 ϕ45H9/f9 的意义是什么？

(3) 什么叫骑缝螺钉？它有何作用？它的螺孔是如何加工的？

(4) 弹簧 6 的作用是什么？能不能把它去掉，为什么？

3. 根据压板装配图（第 68 页），分别画出滑块和套筒 2 个零件的零件图。

6-5　看滑轮架（第 69 页）的装配图，并拆画有关零件。

1. 结构与工作原理：

滑轮架是起重机上的一个部件。滑轮 2 中间有弧形槽，是放钢丝绳用的。衬套 3 与轴销 4 的配合处有 2 个油槽，用来储油，以便减少摩擦。轴销 4 右端装有加油嘴（组合件），左端有挡板 1，用两个螺钉 6 固定在托架 1 上。为了避免螺栓松动，用保险丝 5 将螺栓固定住。螺钉 9 装在零件 2、3 的缝间，称骑缝螺钉，它是为了防止零件 2、3 间的相对运动。托架 1 上的 4 个孔是安装用的。

2. 回答下列问题：

(1) 衬套 3 的作用是什么？它上面油槽的形状如何？

(2) 润滑油是如何从喷嘴 8 进到轴销 4 和衬套 3 之间的？

(5) 保险丝 5 的作用是什么？

(4) 在工作过程中，轴销 4 运动吗？轴销 4 的中心孔（沿轴线方向）有多深？

3. 根据滑轮架装配图（第 69 页），分别画出托架和轴销 2 个零件的零件图。

读装配图　班级　学号　姓名

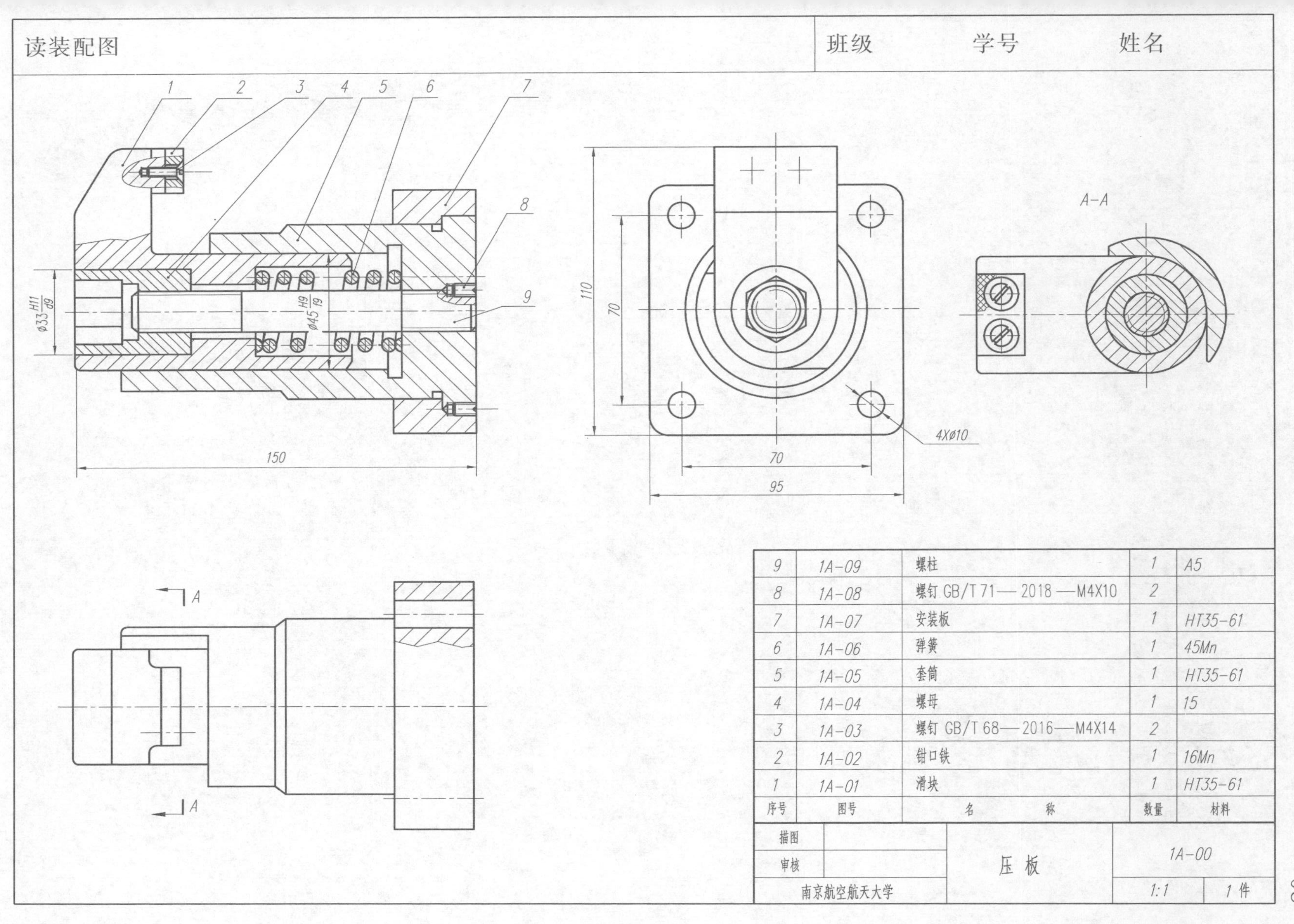

序号	图号	名称	数量	材料
9	1A-09	螺柱	1	A5
8	1A-08	螺钉 GB/T 71—2018—M4X10	2	
7	1A-07	安装板	1	HT35-61
6	1A-06	弹簧	1	45Mn
5	1A-05	套筒	1	HT35-61
4	1A-04	螺母	1	15
3	1A-03	螺钉 GB/T 68—2016—M4X14	2	
2	1A-02	钳口铁	1	16Mn
1	1A-01	滑块	1	HT35-61

描图		压板	1A-00	
审核			1:1	1 件
南京航空航天大学				

读装配图　　班级　　学号　　姓名

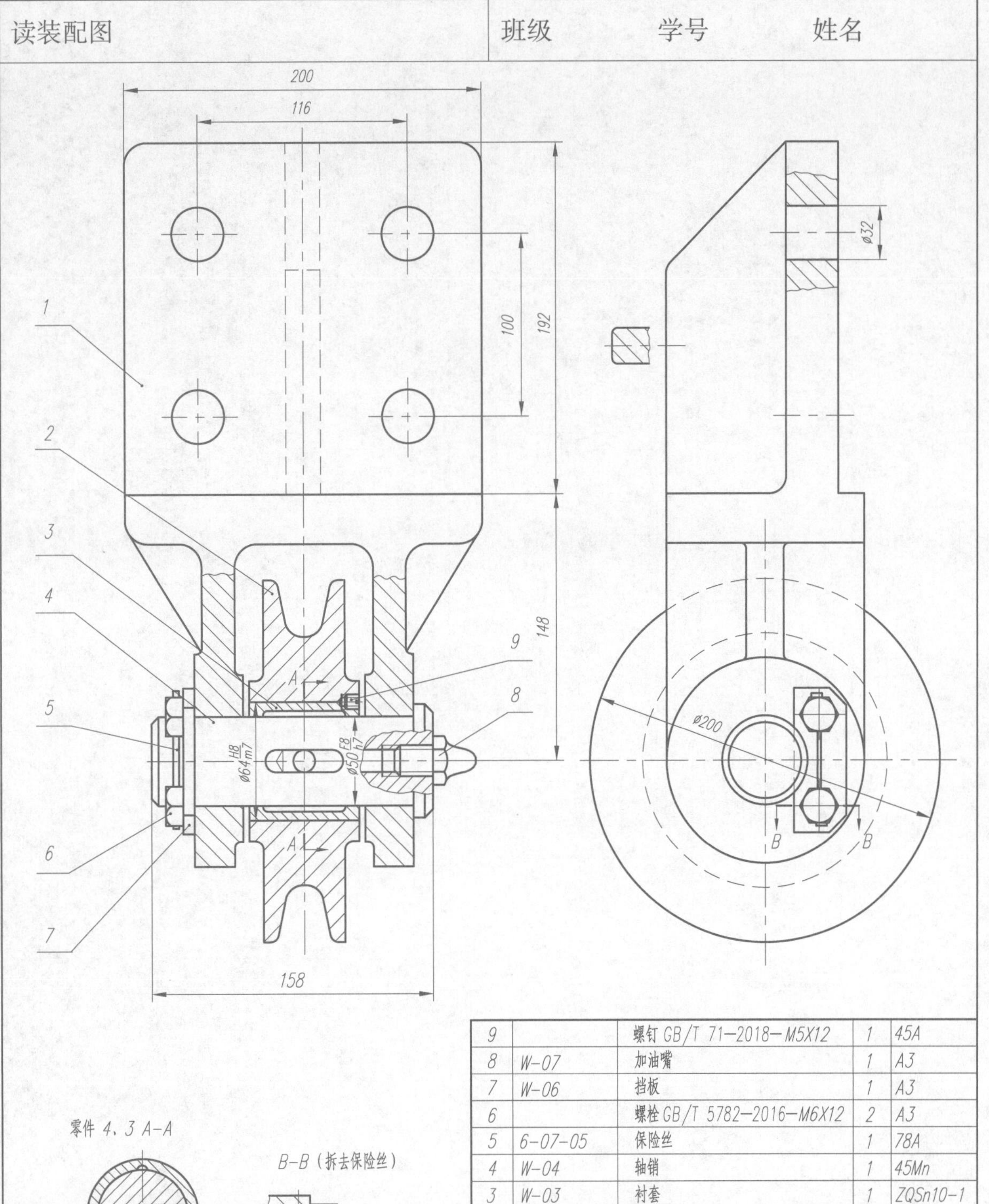

零件 4、3 A-A

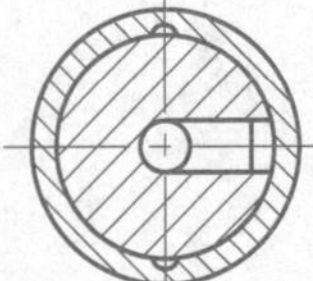

B-B（拆去保险丝）

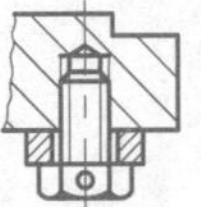

序号	图号	名称	数量	材料
9		螺钉 GB/T 71—2018—M5X12	1	45A
8	W-07	加油嘴	1	A3
7	W-06	挡板	1	A3
6		螺栓 GB/T 5782—2016—M6X12	2	A3
5	6-07-05	保险丝	1	78A
4	W-04	轴销	1	45Mn
3	W-03	衬套	1	ZQSn10-1
2	W-02	滑轮	1	45
1	W-01	托架	1	KT30-6

设计		滑轮架	W-00		
绘图					
南京航空航天大学			比例	1:2	件